U0214908

Legends of Grand Domains Vol. I

顶级酒庄传奇 I

JASON LIU

刘永智 著

"Le Vin est d'inspiration cosmique, il a le goût de la matière du monde "

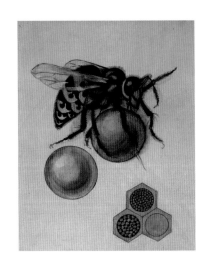

图书在版编目（CIP）数据

顶级酒庄传奇.1 / 刘永智著.—杭州：浙江科学技术
出版社，2014.1
  ISBN 978-7-5341-5837-7

Ⅰ.①顶… Ⅱ.①刘… Ⅲ.①葡萄酒－文化－世界
Ⅳ.① TS971.22

中国版本图书馆 CIP 数据核字（2013）第 267802 号

顶级酒庄传奇 Ⅰ
著者　刘永智
审核登记号　图字：11-2012-125 号

出版发行	**浙江科学技术出版社**
	杭州市体育场路 347 号　邮政编码：310006
	联系电话：0571-85058048
排版	杭州兴邦电子印务有限公司
印刷	杭州富春印务有限公司
开本	787×1092　1/16　　　　　印张　16.25
版次	2014 年 1 月第 1 版　2014 年 1 月第 1 次印刷
书号	ISBN 978-7-5341-5837-7　　定价　168.00 元

责任编辑　梁峥　责任校对　张宁　责任印务　徐忠雷

感谢词

Grand merci à Jean-François, sans qui ce livre aurait eu du mal à voir le jour. Merci pour leur soutien à mes sœurs, Jean et Elaine, qui s'est occupée d'Atai, ma jolie chatte, pendant mes visites de cave.

顶级酒庄传奇 Ⅰ
Legends of Grand Domains Vol. Ⅰ
目录 | Contents

增广酒闻的奇妙好书

永智先生这本《顶级酒庄传奇 I》是一本奇妙的、引人入胜的好书。这不仅是一本让美酒爱好者能按"园"索骥，认识全球最知名33家顶级酒庄的入门书，更是一本给已浸淫在美酒世界好一阵子、早已品尝过这些名园佳酿甚至熟知其滋味的老酒客们的读本，让他们了解这些好酒的酿造者到底有过哪些动人的经历，以及这瓶瓶美酒到底有哪些非凡的特点。

要撰写这样一本特别能吸引"老饮家"的"行家书"，绝不能只靠一些国内外酒书、酒文章的拼拼凑凑，作者本身一定要是一位味蕾已能熟辨出千百瓶看似平凡无奇的各种等级佳酿的"老饮家"。书中33家酒庄大多为法国酒庄。如同其他欧洲酒庄以及其他法国产业（精品时尚产业例外）一样，法国酒庄有个普遍存在的通病——"英文信息化"高度贫乏，任何相关的信息都以法文而鲜少以英文来呈现。而法国社会也比其他国家更重视葡萄酒产业，每年葡萄的收成品质好坏，都被视为举国大事。早在世人还忙于解决果腹之忧的300年前，法国专制王权已将国家权力的焦点盯在种植葡萄的小百姓身上，这也造就了法国拥有全球最早，也算最合理、最科学的葡萄酒管制法规制度。

一国当中，若论自认为是美食家或品酒家的国民比例，法国一定是全球比例最高的国家。法国国内每年对新出产葡萄酒的介绍评论，篇章不知凡几，所以能通过真、假品酒家常年检验过关，被公认为法国顶级酒庄者，其桂冠绝不像其他国家的顶级酒庄那般来得容易取得，其中毫无任何侥幸的可能性。法国酒客及食客一向以挑剔甚至无情无义闻名。君不见每年米其林美食评鉴出版后，时有耳闻餐厅主厨因星等降级而自杀身亡。新闻上报后，众食客最多耸耸肩、装出无可奈何的表情，看不到一丝对大师们的痛惜及不舍，难道他们不是为法国美食奉献了一辈子的青春？

所以如要真正深入了解法国葡萄酒，法文是一把不可或缺的钥匙。一旦能够拥有这把入门钥匙，便能随意获取浩瀚如海般的酒国信息。

认识永智先生已有十余年之久，他是我十分敬重的酒界友人。谦谦君子的外表，胸中累积无以计数的美酒观点。他属于中国台湾葡萄酒界近十年来少见的酒学才子。这些少数、不超过十个手指头可以数出的酒界宠儿，大多在法国学过酒类相关专门知识，回国后多半能学以致用，不是在业界替消费者寻觅进口法国好酒，就是撰写酒文章、发表评论，大大丰富了台湾地区的世界美酒数据库。这批"留法软性工程师"为台湾地区的饮食文化添绘了无数道的彩纹，真是美不胜收。这也是在整个华人世界的美酒信息方面，台湾地区稳居第一的原因之一。

我有幸早于其他读者拜读永智兄这本大作，其文笔之流畅、内容之吸引人，仿佛一条魔索般将我牵引得不舍阖本，居然一夜读完，果真淋漓畅快！我又岂能不向美酒爱好者强力推荐这本增广酒闻的奇妙好书呢？

《稀世珍酿》作者

陈新民

序于2009年盛夏初期

以真情萃取，以文字陈年

It was all very well to say " Drink me ", but the wise little Alice was not going to do that in a hurry.

——Alice in Wonderland

系在酒瓶上的标签写着"喝我"，这当然没什么不好，但是聪明的小爱丽丝并不打算匆忙行事。

——《爱丽丝梦游仙境》

浮沉于茫茫的葡萄酒海，许多享有盛誉的顶级酒庄，用历史及智慧挂上了"喝我"的标签，许多人对其第一也是唯一的反应就是喝喝喝，这当然没什么不好。而刘永智花了5年时间写成这本《顶级酒庄传奇I》，显然他不打算匆忙行事。

如果只是喝喝喝，不讲究年份，全书33家酒庄，顶多半年应该就可以喝完。但是许许多多的人、事、物，那些封存于软木塞与酒瓶之间的枝理细节，作者以真情萃取，以文字陈年。对人，他写乐华庄园（Domaine Leroy）的拉鲁（Lalou）女士敏感果决，酒如其人；论

事，他响应漫画《神之雫》中有关艾曼纽尔·胡杰（Emmanuel Rouget）一节，释疑补阙；写物，作者细论波尔多五大酒庄发酵槽的材质及形状，独具观点。以上种种，皆非普通之喝喝喝文化所能全面观照。视名酒为艺术品，《顶级酒庄传奇I》在知性与感性之间，系上了成就品味的关键。

这样一本葡萄酒著作，既非名酒点将录，也非佳酿出草集。全书虽以酒庄专访形式呈现，但文起笔落，却是作者以心相许的葡萄酒世界：为艾瑞克·卢梭（Eric Rousseau）后继无人而忧，为让－尼可拉·梅欧（Jean-Nicolas

Méo）不输前辈而喜。有别于名士睨视众生的笔调，作者发抒己见的所饮所思，更让《顶级酒庄传奇I》展现出阅读的情感空间。试想旅途秋夜，若非寄情酒食，何来传神至此的"在淡季的托斯卡纳深秋，我的饭友是狐，不是人"？

情感之外，本书析事论理，挥洒自如，此乃《顶级酒庄传奇I》陈年实力之展现。有心者可细察各段落及注释：像是谈贵腐葡萄的幻化之奇，"利帕索"（Ripasso）酿酒法的变革及复兴，甚至Bonny Doon Vineyard所用"高敏感度晶体成像"（Sensitive Crystallization）读酒术；若篇幅较长如"自然动力法"，则另以专文处理。更可观者在于：作者对文艺本有涉猎，信手拈来，以"伟大的心灵总是雌雄同体"写Château Margaux；以"白酒如猫"比拟变化繁复、不迎人讨喜的Coulée de Serrant。虽说足踏四国、行脚千里，书中却建议将Dal Forno以本地脆皮烤鸭相配。识酒者读之不免会心一笑，坐看旅者悠游名园之间。

常言"喝酒靠缘分"，若将饮酒套用在阅读上，道理其实似乎也有几分相通。读者与其忖度本书哪些酒庄应否出现，不如细品与作者结缘的阿尔萨斯和教皇新堡章节。现下台湾地区葡萄酒文化是知识无价、交易为先：葡萄酒商的数目远比相关著作还多；酒友花在一瓶酒上的预算，更胜于全年买书的钱。若坚信百闻不如一喝，但百喝之后是否愿意一闻呢？《顶级酒庄传奇I》罗列多款好酒，尽管那些系在酒瓶上的标签都写着"喝我"，但作者并不打算匆忙行事，希望读者也是。

葡萄酒讲谈社　**屈享平** / HP

http://wineschool.com.tw

风土之酒，上帝的手稿

武林之中，各大门派莫不以独步秘技行走江湖，酒林亦是如此，尤以葡萄酒之内蕴最为繁复。笔者尝酒数载，虽不成精但略有心得，酒香穿筋钻骨，遂兴起前往多家名庄趋迤酒庄实地采访的念头，竟也不知不觉累积了若干眼界，在一些名庄啖过一些稀世珍酿，也品过一些醉人佳酿。稀，因量少而追逐者众；醉，因感动且单纯莫名。

坊间曾出现过谈论世界各大名酒的专著，主题虽然相近，但笔者于此将尽量抒发个人之所见、所饮及所思，而非单纯引经据典纸上谈兵。本书以酒庄专访的形式呈现，为求其深度，是以笔者必至少亲访一次，甚至三度造访。不只谈论酒庄天下第一名酿，也谈其身段较柔软、价格较亲切的佳酿，若连日常酒酿都精彩脱俗，足以证明其酿技之厉害，而平民如我也能见诸好酒。

原打算于每篇专访文末附上个人品酒笔记及评分，但限于篇幅，只得将这些内容发表在专为本书架设的"Jason's VINO"网站。全书介绍酒庄共计33家，而网站上的品酒笔记已累计有数百笔，日后若有机会品饮到相同酒庄相关酒款，会再随时网上更新。上述品酒笔记都是以先白后红，先淡后浓，先酸后甜，先幼后老的规则排序，让读者在品尝某酒庄一系列酒款时，也能大略依此排序饮用。每则品酒笔记末尾都会附上品饮日期供读者参考，因同款酒10年后再饮，风味铁定不同，这也是读者参考时需留意的地方。

许多人批评美国酒评大师罗伯特·帕克（Robert Parker）的评分过度影响酒价，讥其口味独裁，只能代表"美式口味"。若不赞同帕克观点及口味，翻翻这本《顶级酒庄传奇Ⅰ》或他人所写所评，定有可观之处。品酒活动除了基本的品酒技巧外，其实大部分都属于审美行为，而审美关乎品味。若彼此臭味相投，那么请随我；若觉笔者"臭美"，那么请随缘。

书中介绍的酒庄都是一时之选。全书分为十一章，各章都以导言开场，继而介绍经典酒庄。如此写法是为了方便读者阅读，不致见树不见林，一瓢饮便说沧海就是这样。各大名庄酿酒人长期依其至真、至善、至美信仰酿制酒款，观念不同，酿酒风格自然殊异，而这正是葡萄酒精彩迷人之处。每支酒都是风土之作，也都是上帝的手稿。

刘永智

※笔者葡萄酒评数以10分为理想上不可臻至的乌托邦最高境界。6～7分为品质差强人意勉强可接受，7～8分为酿酒技术无偏差且口感尚完整，8～9分为风味颇佳且风格显现的佳酿，9～9.5分是风味细节优雅度兼具的醇酿，9.5分以上则是余韵绕梁天之美禄。

Jason's VINO网站：http://jasonsvino.com。

part **I** 五大酒庄
Premiers Crus

1855年分级之前……

常有人武断说，波尔多1855年分级制度只是过时的历史产物，许多榜上有名的酒庄只靠此分级祖产过活，且"仿佛只要看到酒标，就可径下判断，品味被掏空得只剩下标签及传统"。这个说法仅是"表面以上，真实未满"。

的确，当时主要是依据葡萄酒中介（Courtier）提供的当年各庄酒价而产生了此份分级名单，然而这酒价里其实还隐含了酒质及风土实况，并非仅根据1854年单年数据，也非仅根据此前5年或此前10年，而是根据至少百年以上的数据及经年累月的专业判断而来。此份名单的产生时机，众所皆知，乃因当年巴黎万国博览会的举行，由拿破仑三世责成波尔多工商会（Chambre de Commerce de Bordeaux）执行分级，而工商会的咨询对象则为介于酒庄与酒商之间的专业葡萄酒中介。

杰斐逊分级

后来成为美国第三任总统，亦即美国《独立宣言》主要起草人的托马斯·杰斐逊（Thomas Jefferson, 1743—1826），在任驻法大使期间曾于1787年至波尔多一游，在葡萄酒中介的安排下参观了梅多克（Médoc）及格拉夫（Grave）地区的多家酒庄，并写下许多参访笔记，后人根据其记录整理出一份"杰斐逊分级"。虽然杰斐逊以葡萄酒行家闻名于世，其排名信息颇可信赖，然而其参访时间不过短短7天，实难置信他能对各庄酒质、风土、酿造方式及历史等信息快速撷取消化后，拟出一

份可信的评比名单，因此其信息应该主要源自葡萄酒的中介们。

1787年的"杰斐逊分级"中仅有16家列级酒庄，分成三级，三级之下是一般品质酒庄。令人惊奇的是，其中排名一级的4家酒庄，与68年之后出现的1855年分级名列一级的4家完全雷同，即为玛歌堡（Château Margaux）、拉图堡（Château Latour）、欧布里雍堡（Château Haut-Brion）及拉菲堡（Château Lafite）。而"杰斐逊分级"的二级酒庄里的5家酒庄，除了Château Kirwan在1855年分级里被列为第三级，其余4家均被两份分级名单列为二级酒庄，它们分别是Château Rausan-Ségla、Château Gruaud-Larose、Château Dufort-Vivens以及1787年被称为Château Lionville，而后分成三家的Château Léoville Las Cases、Château Léoville-Poyférré及Château Léoville-Barton。此外，木桐堡（Château Mouton Rothschild）被杰斐逊列为第三级，而在1855年分级里被列为第二级，目前则名列一级酒庄。以上两份评级名单的三级酒庄列表差别较大，这里不多述。

两份相差将近70年的评比名单，竟有如此相似之巧合，是英雄所见略同？不，前面说过，杰斐逊的资料乃参照当时的中介专业经验，因此应该说，相差68年的中介经验传承及观察，证明两个时代专业人员的所见略同。而1787年的葡萄酒中介的看法，又承自几十年甚至百年前的观察及酒价记录。因此，1855年分级并非只是因循苟且、过时陈腐的传统，而是岁月见证酒庄酒质表现的最佳铁证。

波尔多市Place des Quinconces广场，灯具基座常以古代商船为造型。

当然，有人会提出1855年分级名列五级的Château Lynch-Bages，其酒质常常超越五级水准，或可名列三级酒庄云云。确实，该庄表现优秀，值得嘉许。然而，让我们来检视一下五大酒庄之一的玛歌堡，该庄于20世纪60年代末及20世纪70年代初，因Ginestet家族遭遇财务困难，投资无以为继，于是酒质日趋下降。1977年起，改由希腊裔的Mentzelopoulos家族接手，以重金投资，1978年份的玛歌堡随即有绝佳表现。由此可证，风土潜质为永恒资产，人世变迁，时不我予，虽时而难免，但若只因玛歌堡连续十年表现欠佳，便断然将之降级，实乃一时不智，永世悔恨。

切莫误会，笔者绝非不赞成1855年分级能全盘重新审视，让良者出头，劣者退位。毕竟当时由葡萄酒中介意见主导的分级并非圣经，且人非圣贤，误判也在所难免。笔者只是不希望前人经过几代心血努力的，沦为粗简论述的祭品。倘若再次评比，相信五大俱乐部的现有荣誉会员依旧能稳住宝座。（或许会有第六大出现？）料想变动较大者应是四、五级的列级酒庄。以下将详述的一级五大酒庄，均位于绝佳砾石之地，连甜酒王者伊肯堡（Château d'Yquem）也不例外。砾石恒久远，一颗永流传。🍷

※注1：“杰斐逊分级”详细排名可参阅《1855, A History of the Bordeaux Classification》（Dewey Markham, JR.著），或参考网址http://en.wikipedia.org/wiki/User:Murgh/Jefferson's_classification_of_the_wines_of_Bordeaux。

※注2：以玛歌酒村的Château Palmer来说，由于1855年分级之际，该庄正处于重整阶段，因而仅被列为三级酒庄，然其部分地块品质实可媲美一级的玛歌堡，20世纪70年代，其酒质更胜玛歌堡，或可改列为二级酒庄；而同村列为二级的Château Lascombe，在20世纪50年代，由以Alexis Lichine（1913—1989）为首的美国联合企业家共同购下后，扩大原有园区面积，使得许多地块品质并没有二级水准，近来酒质及酒价也未能反映二级水准。因此重审1855年分级实属必需，然而1855年分级前的历代经验积累也极其重要。

波尔多市港口景色，昔日为繁忙商港，今日则寂静许多。图中轮船为城市游览观光船。

知性贵族
Château Lafite Rothschild

清晨，驱车前往波尔多五大酒庄之一的拉菲堡（Château Lafite Rothschild）。窗外雾中风景，隐隐约约，温婉而绮丽。拉菲堡红酒尝来也是如此，知性内敛，含蓄婉转，教养得宜，贵族风范令人倾心慑服。1855年分级之际，其名列一级酒庄龙首，决非侥幸。虽然20世纪60～70年代酒质略弱，酒迷引以为憾，然而自1985年起，酒庄声威重振，连续的1985、1986及金三角1988、1989、1990年份，以及之后的连番佳作，都足以证明其世界名酿的实力！

行至庄前，悠闲别墅庄园景象映入眼帘。酒庄总管薛瓦列（Charles Chevallier）大步前来迎接，虽然一派西装领带高挺模样，但口音沉厚，带有庄稼汉的豪爽利落。他掌管拉菲堡的一切事务，种植、采收、酿造，甚至销售，面面俱到。目前城堡酒质臻至前所未有之巅峰，薛瓦列乃幕后功臣。

拉菲堡历史悠长，最早可追溯至1234年。其历史巅峰有两个重要时期，一是17世纪晚期，尼可拉－亚历山大·西谷侯爵（Nicolas-Alexandre de Ségur, 1695—1755）掌管时期，他同时拥有拉菲堡、拉图堡及卡隆－西谷堡（Château Calon-Ségur），可谓富甲一方，权倾一时，赢得了"葡萄园王子"（Le Prince des Vignes）的美名。

之后园主多次更迭，直至1868年，詹姆士·罗斯柴尔德男爵（Baron James de Rothschild）以将近500万旧法郎的天价标下拉菲堡，再度开启另一家族的酿酒王朝史。目前的庄主艾瑞克·罗斯柴尔德（Eric de

拉菲堡在某些年份会制作特殊瓶装，一方面具有纪念意义，另一方面也提高假酒的仿制难度。此为1945年的拉菲堡，以椭圆圈出年份数字。

Rothschild）为詹姆士男爵的后代，酒庄总管薛瓦列和其共事已经有30个年头之久。

入酒窖参访前，我们在一幅拉菲堡葡萄园地形图前停下脚步，薛瓦列以长杆在图上指点，解释各块地的差异："Carruades是拉菲堡其中一园的名称。拉菲堡的二军酒称为Carruades de Lafite，它并非全以年轻树藤的果实酿酒，当中也掺有老藤葡萄，再加上部分拉菲堡一军酒所淘汰、品质稍逊的酒液混调而成。"其实自1874年起，拉菲堡便开始生产二军酒，算是二军酒的滥觞，其酒质近来尤其优异，但价格较之七八年前已翻涨了四五倍，几乎逼近一级酒庄欧布里雍堡的酒价。

据2009年4月份《品醇客》葡萄酒杂志报道，拉菲堡二军酒在伦敦国际葡萄酒交易所（Liv-ex）的高级酒交易指数上表现亮眼，占整体交易金额的4.6%，为交易金额排名第六的酒款，甚至超越白马堡（Château Cheval Blanc）及贝翠斯堡（Château Pétrus），而这大多要拜亚洲收藏家无法满足的需求所赐。以全球经济新重心的中国大陆而言，拉菲堡也是五大酒庄中最受欢迎者，一方面是因拉菲两字发音容易；另一方面则因其产量居五大之首，平均年产4万箱（葡萄园总面积达100公顷），酒价虽高，但购取容易，成为此酒在新富国攻城略地的优势。

1855年分级之际，拉菲堡列名一级酒庄之首。

480人采收大队

到访当时，正值葡萄树勃发嫩芽的4月底，除酒窖里十来名工人忙进忙出外，酒庄其他角落一片沉寂。然而这都是一时假象。庄里平时有120名雇员，秋季采收时，酒庄还须外雇360名采收者，除了能尽量减少不必要的机械作业，也能将采收时间压缩在10天左右。20世纪80年代，采收编制不如现在庞大，采收时间须拉长到20天，因此会提早些作业，难免会采收到未达完美熟度标准的葡萄。

拉菲堡的葡萄筛选作业非常严谨，但做法上不像许多酒庄在葡萄运送到酿酒厂后才用葡萄筛选输送带进行筛选，而是直接将筛选输送带移至葡萄园。采收时，由5名采收工搭配一名搬运工，搬运工将葡萄篮搬到筛选输送带旁，将葡萄倒到输送带上进行筛选，一篮尚未筛选完不会倒入第二篮，以免鱼目混珠。如此一来，在运回酿酒厂的过程中，便不会产生健康葡萄及沾霉葡萄共处一篮而污染了葡萄的情况，可谓思虑周详。

难忘木槽

在酿酒时，拉菲堡备有许多不锈钢桶。这些自动温控的不锈钢酿酒槽，可将来自多样地块的葡萄分别酿制，提炼各异禀性，供每年3月最终混调时使用。原有的大型木造酿酒槽依旧使用，也没有全面更新为不锈钢槽的计划。酒庄认为木槽在发酵时升降温较温和，是其优点，如同炖锅（木槽）与快锅（不锈钢槽）的差别。当问及两者对最终酒质的影响时，就像笔者曾经采访过的多数名庄一样，本庄总管也说不上真正的差别为何。除了温度的控

1

2

3

4

1. 拉菲堡酿酒窖外观。

2. 1999年份拉菲堡，因应当年8月11日的日全食现象而制作的特殊瓶装。

3. 2005年份拉菲堡特殊瓶装上的天秤图案，一边是风调雨顺，一边是阳光满溢，造就出难得一见的精彩年份。

4. 1985年份拉菲堡，特殊瓶装记录该年哈雷彗星回归现象，下回看见哈雷彗星要等到2061年左右。

制，勃艮第名庄DRC的主酿酒师贝纳·诺贝雷（Bernard Noblet）主观认为木料具有人文的温润质感，是他坚持用木槽的原因之一。

由于木槽发酵似乎多了些难以言喻的好处，所以一军正牌的拉菲堡是以木槽发酵的，而二军Carruades de Lafite则以现代光洁的不锈钢槽发酵。本庄的酿酒程序相当传统，发酵期间采取一天两次淋汁（Remontage，由底部抽出发酵中的葡萄汁，将之导淋到酒槽顶端的葡萄皮层，加强皮汁的接触以利萃取），发酵后让酒汁和葡萄皮继续浸泡约3星期。

"发酵后期的泡皮时间长短取决于每桶酒的发展进程，或延长，或缩短，需要每日汲酒品尝，才作出最佳判断。"薛瓦列道，"每桶酒，我都当成儿女呵护看顾，伴其成长，适时予以协助！"

拉菲堡设有专属的橡木桶制造厂，以便控制木料来源，并确保实行两年木料自然风干的程序。尤有甚者，在于控制木桶的熏烤程度，借此微调酒款风格。相对于多数酒庄采取中度

（M）及中重度（M＋）的熏烤程度，拉菲堡则采取轻度级数的中轻度（M−），即Medium Minus水平，以降低木桶对酒款风格的过度影响。如此殊异的做法，也是成就拉菲风格雅致的要素之一，乃"减法所得出的优雅"。拉菲堡的制桶厂每年可生产2000个陈酒用橡木桶。拉菲堡正牌酒不论年份都使用100%新桶，二军酒则依年份使用20%～50%的新桶，其他则用正牌酒使用过的两年旧桶。

2003传奇

2003年法国遇上世纪热浪，导致上千人丧生，尤其在未装设冷气空调的医院病房内，许多体弱高龄的病患都难逃劫数。但该年却写下法国葡萄酒史传奇的一页："拉菲堡2003年份采收期自9月8日起，9月底便结束，较往年提前许多，乃旷世仅见的奇异年份。当年的采收时机很难拿捏，然而该年份酒质却只能以'惊奇'两字来形容！"

1. 1811年的拉菲堡古董旧式酒瓶。当年有彗星通过，肉眼可见，此天象也在俄国文豪托尔斯泰的小说《战争与和平》里出现过。

2. 拉菲堡依旧使用木造酿酒槽酿泡酒。

3. 左为二军酒Carruades de Lafite，右为Château Duhart-Milon，属同一集团酒款，品质优良。

酿酒窖入口处一景。

薛瓦列继续解释："2003年9月初以仪器测试时，葡萄的酸度显然过低，着实令人忧心。不过，当我实际品尝葡萄果粒及随后发酵的酒汁时，却惊觉酸度非常优雅和谐，反而以绝佳的均衡令人赞叹。如今看来，当时真是虚惊一场，而该年酒质也果真不可限量！"之后的特殊年份，则是大家耳熟能详的2005年，而新近的2008年份也相当优秀，加上遇上全球经济不振，预售价格狂泻，反而带动起另一波的购买热潮。

葡萄园里的品种组成，约为70%的赤霞珠（Cabernet Sauvignon）、25%的梅乐（Merlot）、3%的品丽珠（Cabernet Franc）和2%的小维尔多（Petit Verdot）葡萄。然而拉菲堡的瓶中组成每年平均约80%以上的赤霞珠，比例相当高，1961年份甚至以100%的赤霞珠酿成。每年略有调整，纯依品尝结果决定品种成分的比例，要点在于混调出拉菲堡的惯有特色。

"较少使用小维尔多和品丽珠，是因其成熟不易。虽然两者成熟时，香气及口感都相当令人激赏，但若缺少一丝成熟度，便会带有青涩梗味。它们就像做菜时的香料，品质好时，一丁点便能收画龙点睛之效，添多了反成坏事！"薛瓦列点出这两个二线品种的特长及限制。

二次重访时，酒庄种植主管波菲雷（Régis Porfilet）表示，小维尔多尤其难缠，怕湿又不易成熟。品丽珠即便成熟度略嫌不足，还可酿出差强人意的酒款，在许多国家也能见到品丽珠的单一品种酒款，而小维尔多则只能当做称职配角，并必须达到完美熟度才能进入最终混调。通常会进入混调的小维尔多都来自园里植于1933年的老藤。前些年，若有小维尔多树株老病枯死，都会以"小维尔多无性生殖系400号"重植，然而成效有限。目前本庄正实验以1933年老园树株进行"马撒拉选种"（Sélection Massale），企图复制优质老树基

1. 酒窖工人正以温水清洗橡木桶，桶子下方有一旋转喷水器以利清洗。

2. 窖内阶梯一景。

因，以培育同基因的小维尔多。若实验证实马撒拉选种树株优于无性生殖系400号，便会以前者为重植首选。

拉菲堡曾经坐拥2公顷的白色品种葡萄园，只不过在20世纪60年代晚期已全部拔除，甚为可惜。薛瓦列指出，拉菲白酒的品质高尚，只供家族自用或烹调，并未外售。目前拉菲堡的酒窖里还留存有几瓶1959和1962年份的白拉菲（最后年份为1962），见证其过往家族史。行经两三间小室，再上下三两阶阶梯，我们来到一道暗湿的长廊。

1806老拉菲

阴暗酒窖长廊并不静谧，时而来回穿梭着工作用的小起重机，发出锵咚巨响，对话着实吃力。暗廊的一角，铁栅栏封闭着黝黯的窖穴，里头密藏着老年份拉菲堡。来到酒庄最具怀古幽情的核心处，300年历史仿佛自眼前流过。可惜这里尽是有钱也难买的家族私人窖藏。窖里还沉睡着几瓶1797年的宝藏，乃酒庄尚存的最老年份。薛瓦列本人即品啖过1806年份的老拉菲。问其饮来感觉如何？"纯粹的感动，无可言喻，无可言喻……"他专注而低沉的嗓音，听来却字字清晰，一旁的躁动声响仿佛突然消匿……

"1806年份的拉菲堡具有烤栗子和烤吐司的深土金黄色泽，酒渣沉淀颇多，仍有酒的口感和结构，相当柔弱、清灵，末了酸度明显，鼻息搅人心魂，酒香一会儿气如游丝，一会儿如天女散花，烟火四散，繁星点点，但一刻钟后，一切又归于沉寂，"他仍喃喃自语，"无法用言语形容……"

300千米脚程

穿过老核心，100米远处出现了新天地：由二十几根石柱撑出的圆形空间，我喜欢称

圆形酒窖为熟成第二年的陈年窖，由西班牙建筑师巴菲尔（Ricardo Boffil）设计建造。

1. 拉菲堡花园内的养鸭水塘。

2. 酒庄总管薛瓦列（Charles Chevallier）。

3. 拉菲堡的木桶熏烤，采用轻度级数的中轻度（M-），以降低桶味对酒款风格的影响。

4. 拉菲堡的堡体部分，右边圆塔建自16世纪。庄主Eric de Rothschild仅于周末来此小住。

1

2

3

4

其为圆形剧场酒窖。酒窖建于1986年，当初因为亟需更宽敞的储存和酒窖工作空间，便找来西班牙建筑师巴菲尔（Ricardo Boffil）负责设计建造。巴菲尔1939年生于巴塞罗那（Barcelona），受到建筑大师高第（Antoni Gaudi, 1852—1926）的启发，其最著名作品为巴塞罗那国家剧院。圆形酒窖上方积着的3米厚泥，乃酒窖恒湿恒温的守护神。

"圆形酒窖除了美学考虑，可有实用性？" "问得好！我们发明了一种固定脚木，让小型堆车作圆形式长龙堆桶，较传统直列式堆法来得快速美观。中心点是我们清桶和工作的区域，一般的方矩形酒窖常将清洗点设于远端一角；而圆形中心点到各点的距离都相对缩短许多，省下大量的时间体力，每年粗估可省去300千米的脚程！"薛瓦列说完，嘴角犹泛着笑意。

圆形酒窖上方有一天窗开口，让天光自然洒下。"其实中心点这个空间除了用来洗涤橡木桶外，在每两年一次的波尔多'国际葡萄酒暨烈酒商展'（Vinexpo）期间，庄主艾瑞克·罗斯柴尔德男爵都会在此举行晚宴，届时酒窖一反常态地衣香鬓影，酒香乐声齐扬，古典乐回音缭绕，竖琴的乐音尤其撩人，令人忘记时空，似乎好酒也可暂被搁置……不过，就这么

两秒钟，毕竟拉菲堡美酒之余韵，才是可余音绕梁三日不止的！"薛瓦列话声如洪钟，在寂静的圆形酒窖里东窜西逃，呈现出如海市蜃楼般的晚宴欢景。

老树新枝结果不同

参观完圆形酒窖，推开沉甸甸的木门，耀眼的阳光立即射入眼睑，待适应后，眼前尽是嫩芽窜发的葡萄树。酒庄旁的葡萄园平均树龄超过60岁，但依旧挺拔昂立。部分濒死或产量过低的老藤，则被挖起以新株代之。目前拉菲堡全园的平均树龄约为40岁。采收时，年轻果树和成熟老树的结果自是不同，所以即使是同一地块也需两次采收，分别酿制再行混调。薛瓦列抓起园里一把土，于手上捏拿："这土里富含石块，黏土质少，排水佳，葡萄树可轻易穿透地层五六米！"狂风骤起，将他手里的土吹得飞沙走石，往北方迤去，众人目光随之北望，突而发现来时路圆形酒窖的出口像极了中国陵寝或埃及金字塔的入口，隐喻明显，果然是拉菲宝藏之所。

驾车驶离酒庄，车轮滑下缓坡200米，回望拉菲堡，外观形似中产农庄，毫无波尔多顶级酒庄的盛气凌人，然而以爱酒人的慧眼，却能窥见里头气象万千！🍷

拉菲堡位于波雅克酒村（Pauillac）及其港口西北边不远处。

Château Lafite Rothschild
33250 Pauillac, France
Fax : +33 (05) 56 59 26 83
Mail: visites@lafite.com
Website: http://www.lafite.com

木桐故我
Château Mouton Rothschild

五大酒庄之一的木桐堡（Château Mouton Rothschild）庄名里的"Mouton"，法文原意为绵羊，于是有人猜测木桐堡原为牧羊宝地，才因此得名。其实并非如此，乃因为木桐堡位于一砾石台地上，当地方言称这种地形为Motte，形音相近，酒庄因此得名。至于木桐堡的标志上为何会有左右两只绵羊齐拱着一张酒标（1924年份酒标），主要是因为前任庄主菲利普·罗斯柴尔德男爵（Baron Philippe de Rothschild, 1902—1988）的星座是牡羊座，而牡羊与绵羊形似，所以取绵羊为酒庄标志。

即便木桐堡于1855年分级之际，酒价与其他名列一级的四大酒庄同级，却未被列入一级，仅列为二级酒庄之首，原因何在？首先，菲利普男爵的曾祖父纳塔涅·罗斯柴尔德男爵（Baron Nathaniel de Rothschild, 1812—1870）1853年购下本庄时，当时庄主都亥

（Isaac Thuret）是一名巴黎银行家，并未亲管酒庄，而是请波尔多酒商代管，加上当时粉孢菌（Oïdium）肆虐，葡萄园区疏于管理，导致园况不佳。即使纳塔涅男爵购下此园后极力改进，但离分级评鉴的1855年仅有两年之隔，只能说力有未逮，为时晚矣。另有观察家指出，因为名庄木桐堡落入英人之手（纳塔涅·罗斯柴尔德男爵为德国罗斯柴尔德大家族的英国分支，而1868年购下拉菲堡的詹姆士·罗斯柴尔德男爵则为法国分支），伤害了法国人民的感情，故得此下场。

木桐堡的伟大改造者菲利普男爵1922年以20岁之龄接下酒庄经营权，以牡羊座敢拼敢冲的性格进行改革：首先于1924年将全部酒酿于酒庄内自行装瓶，一改过去多数酒庄将整桶葡萄酒售予酒商，再由酒商贴标装瓶出售的传统（木桐堡并非自行装瓶的第一家酒庄，但却是

1. 右为2000年份木桐堡，绵羊雕刻酒瓶乃依据"艺术中的葡萄酒博物馆"馆藏作品临摹雕成。左为小木桐二军酒，酒标为海报画家让·卡路（Jean Carlu, 1900—1997）1927年作品。

2. 罗斯柴尔德家族第五代传人、现任庄主菲丽嫔·罗斯柴尔德（Philippine de Rothschild）女士。

3. 木桐堡白酒：银翼（Aile d'Argent）。

1号酿酒桶的细部，正可对应男爵名言"我乃第一，过往居次，木桐故我"。

将酒酿100%装瓶不再外售的首例），同年酒标上也开始印有"城堡装瓶"（Mise en Bouteille au Château），成为某种酒质保障的象征，并为其他酒庄所仿效。1924年菲利普男爵还商请知名立体派海报画家让·卡路（Jean Carlu, 1900—1997）为该年份设计新颖的酒标，然而一只牡羊头加上五支箭的酒标形象过于前卫，于是招致批评，酒标的大胆创新设计就此打住。此外，由于自行装瓶的库存占去大量空间，菲利普男爵遂于1926年邀请建筑师西克利斯（Charles Siclis, 1889—1942）建立新颖的首年熟成酒窖，窖长100米，宽25米，窖内无一根廊柱，极简前卫，创当时建筑技术的先锋，是访客必赏的木桐一景。

后来第二次世界大战开打（1939～1945年），菲利普男爵先是被撤销法国籍，接着遭维基（Vichy）政府逮捕入狱，之后又逃往伦敦，加入自由法军继续抗战。男爵妻子Chambure不幸被俘，1945年因病死于德境拉文斯布吕克（Ravensbrück）集中营。"二战"期间木桐堡被德军占领，于酒窖内成立指挥所，但仍指派德籍酿酒官指挥酿酒，因此1940～1944年间，木桐堡的酒酿是在德军的麾下酿制而成的。根据英国酒评家麦可·波德本（Michael Broadbent, 1927— ）的品尝经验，其1943年份的酒质颇佳。

葡萄酒与艺术的结合

"二战"结束后，菲利普男爵及时赶回法国，主导酿制1945年份的木桐堡。当年分量

1973年木桐堡酒标乃取自毕加索画作《酒神祭》，然而毕老生前并未同意将画作当成酒标印行。此作品完成于1959年。酒标上标有"1973年列名一级"的字样。

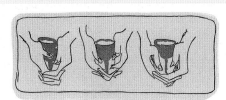

1. 木桐堡1964年份酒标（画家：Henry Moore），酒标上标明各
   种大小瓶装当年的产量。

2. 木桐堡1982年份酒标（画家：John Huston），酒标上标明此
   为男爵酿酒第60个年头。

3. 木桐堡1988年份酒标（画家：Keith Haring），酒标上标明此为
   菲丽娅·罗斯柴尔德掌理下的第一个年份。

4. 木桐堡2003年份酒标，该年恰好是纳塔涅·罗斯柴尔德男爵
   1853年购下木桐堡的150周年纪念，故以其肖像制作酒标。

5. 木桐堡2006年份酒标，画家鲁西安·弗洛伊德（Lucien Freud，
   1922—2011）为精神分析大师弗洛伊德的孙子。

少质精，为本庄的世纪年份。为了庆祝胜利回归，男爵请来画家Philippe Jullian设计以象征胜利的"V"字为图像的酒标，自此开启本庄每年都由世界知名当代艺术家设计酒标的独特传统。为了答谢画家们力挺木桐堡，每位画家都可获赠5箱不同年份、已经成熟适饮的木桐堡，再加上5箱画家绘制酒标年份的木桐堡。截至目前为止，共襄盛举的艺术名家有1947年的让·考克多（Jean Cocteau, 1889—1963）、1958年的达利（Salvador Dalí, 1904—1989）、1969年的米罗（Joan Miró, 1893—1983）、1970年的夏卡尔（Marc Chagall, 1887—1985）、1971年的康定斯基（Kandinsky, 1866—1944）、1973年的毕加索（Pablo Picasso, 1881—1973）、1975年的安迪·沃荷（Andy Warhol, 1928—1987），以及1996年的华裔艺术家古干。

2009年2月出炉的酒标，画家是精神分析大师弗洛伊德的孙子鲁西安·弗洛伊德（Lucien Freud），此人被视为当今最重要的画家之一。1922年出生的鲁西安以人像及裸体画闻名于世，画作价格高昂。他于1995年完成的作品《救济金发放者的睡像》（Benefits Supervisor Sleeping），2008年5月在佳士得拍卖会上，以3360万美金的天价售出，使其成为尚在人世的画家中单一画作拍卖价最高者。鲁西安为酒庄绘制的2006年份酒标，将其精湛的画技暂时搁下，反以简单的线条画出头系蝴蝶结的红色斑纹斑马向左凝望一只棕榈树盆栽。酒庄解释，斑马代表的是渴望美酿的饮者，而棕榈则是葡萄树的化身。然而令笔者好奇的是，此酒标与鲁西安1944年举行首次个展的黑白画作《画家的房间》（Painter's Room）构图极为近似，甚至更为简单，与其赖以成名的画风截然不同，几乎一派素人风格，难道这才真正反映了年届90高龄的鲁西安返璞归真的艺术观点？

不甘第二

菲利普男爵认为本庄评等屈居二级，极为不公，常以"未能第一，不甘第二，我乃木桐"（Premier ne puis, second ne daigne, Mouton suis）此

1. 酿酒窖一景，雕塑为幼年酒神骑于牧神潘的头上。

2. 左为Château Clerc Milon，右为Château d'Armailhac，两者皆为木桐堡所有，均属五级酒庄。前者（左）酒质和酒价略胜后者一筹。

木桐堡的酿酒窖是由原农庄马厩改造而成的，依旧使用大型木造酿酒桶。

首年陈年窖由建筑师西克利斯（Charles Siclis）于1926年设计建成；窖长100米，宽25米，窖内无一根廊柱。该建筑师也是巴黎庇加尔剧院（Théâtre Pigalle）的设计者。

酿酒窖内的绵羊木雕墙饰。

采收时，以12千克容量的小箱盛装，以免压损葡萄。

自傲名言自诩。同时他也自20世纪50年代起，施展其牡羊座特有的外交长才，经过二十多年积极游说及论战，终于在1973年让法令正式宣告木桐堡改列一级酒庄，而当年颁布法令的人为时任农业部长、后来成为法国总统的希拉克先生（Jacques René Chirac, 1932—　）。1855年分级制度施行至今，仅为木桐堡做过更动，简直可称之为"木桐条款"。当年男爵立即将自诩名言改为"我乃第一，过往居次，木桐故我"（Premier Je suis, second je fus, Mouton ne change），并将此名言印在1973年份的酒标上。

该年酒标除了标有"1973年名列一级"（Premier Cru Classé en 1973）外，另一焦点是酒标画作《酒神祭》（Bacchanale）乃出自名家毕加索之手。当年曾有人质疑为何毕加索迟迟未列入木桐堡酒标的作画艺术家名册，然而实情是，毕加索生前从未答应酒庄的盛情邀请，并曾婉拒为酒标作画，直到1973年毕加索去世，其遗孀始答应菲利普男爵以私藏的《酒神祭》当做酒标。只可惜该年份酒质不若名画高超，评价极为普通。而1971年的康定斯基酒标，也是在画家溘逝后，才取得制作酒标的权利。

毕加索的名画《酒神祭》目前收藏于菲利普男爵和其第二任妻子宝琳（Pauline）1962年所创设的"艺术中的葡萄酒博物馆"（Le Musée du Vin dans l'Art）中。该馆馆藏以与葡萄酒或与酒庄标志的牡羊、绵羊相关的稀有艺术品为收藏标的，共有精品350件，涵盖人类3000年的艺术文明史，成为波尔多酒乡最热门的参观景点之一。

采收期间，酒庄会召集600名采收工人于木桐堡，以及家族所拥有的两家五级酒庄克雷·米庸堡（Château Clerc Milon）及达美雅克堡（Château d'Armailhac）同时进行采收，通常在8～10天内采收完毕。20世纪90年代初，酒庄曾经实验以手工去梗，后来发现此举用处不大，便恢复以机械去梗。之后以22500升的巨大木造酒槽进行发酵，发酵后期浸皮约3周，采用100%新桶陈年约18个月。相较其他一级酒庄，木桐堡体裁较为丰润，年轻时即以直接丰盛的果香和特殊的摩卡咖啡风味引人。较佳年份的老酒酒香变化多端，算是五大酒庄里较易欣赏的高级名酒。

1988年菲利普男爵辞世，由女儿菲丽嫔·罗斯柴尔德（Philippine de Rothschild）接管庄务。她先于20世纪80年代末选择品质略次的4

公顷地块，植下赛美容（Sémillon）、长相思
（Sauvignon Blanc）及麝香（Muscadelle），并
于1991年推出白酒银翼（Aile d'Argent），其口
感柔润迷人，但有时桶味略重。1993年还推出
小木桐（Le Petit Mouton），即正牌木桐的二
军酒，酒质颇佳，然而相较其他五大酒庄的二
军酒，似乎未达物超所值的上乘水准。的确，
木桐堡在酒质的稳定度上有时遭人诟病，然而
近几年的表现，尤以1996、2000及2005年份而
言，应该没有人会怀疑其一级酒庄的地位，毕
竟有菲利普男爵的明训在先，罗斯柴尔德家族
后代必遵祖训，以续"木桐故我"之传承。🍷

Château Mouton Rothschild
Rue de Grassi, 33250 Pauillac, France
Tel: +33 (05) 56 73 20 20
Fax: +33 (05) 56 73 20 44
Website: http://www.bpdr.com

1. 木桐堡游客中心的窗内景色，一般游客都可缴费参观、试酒。

2. 木桐堡内"艺术中的葡萄酒博物馆"（Le Musée du Vin dans l'Art），馆藏丰富。

3. 木桐堡外观。

酒林霸主
Château Latour

　　一级五大酒庄当中便有三家位于波雅克（Pauillac）村，波雅克遂成为经典波尔多好酒的代名词。拉菲堡（Château Lafite Rothschild）位于此村北方，北与圣艾斯台夫（St-Estèphe）临界；拉图堡（Château Latour）则位于村南，南接圣朱里安（St-Julien）酒村。然而两大酒庄的酒款风格，又恰好与地理位置相反，拉菲堡具有圣朱里安葡萄酒的光洁丹宁及优雅细腻，而拉图堡则相当程度地体现了圣艾斯台夫的坚实酒体。英国权威酒评家克莱夫·柯耶特（Clive Coates）曾称拉图堡为"酒中之王"（King of Wines），笔者倒觉得，"酒林霸主"更能诠释其睥睨天下、不可一世的气势。

　　拉图堡的霸气绝非多数"新世界"波尔多混调酒款单靠强势劲道或甜润妩媚得以稍掩。拉图堡虽具有圣艾斯台夫的雄浑坚实酒体，但又比后者多了些王室贵族气息。其霸道还展现在无坚不摧的陈年实力上。笔者于2004年有幸一尝拉图堡1959年份珍酿，虽已脱离血气方刚之姿，但依旧刚正不阿，倒入醒酒器守候4小时后，才见其霸气暂缓，改以浑厚深度及复杂万端的气韵引人。45载过去，此酒始步入中年，余生尚长矣！五大酒庄当中，即便在最艰困的坏年份，如1960、1972及1974年，拉图堡总能依然故我，以稳定的酒质傲视群雄。放眼世界酒坛，拉图堡的地位难以撼动，能成为酒林盟主，自然不难理解。

　　虽然14世纪的文献已提到过拉图堡，然而其第一个极盛时期却是在17世纪晚期，当时世称"葡萄园王子"的尼可拉－亚历山大·西谷侯爵（Nicolas-Alexandre de Ségur）同时掌有拉菲堡、拉图堡及卡隆－西谷堡（Château Calon-Ségur），权倾一时。直至1755年，尼可拉－亚历山大·西谷侯爵去世，拉菲堡及拉图堡两庄才告分家。1963年西谷侯爵的后代将拉图堡75%的股权转售给Harveys of Bristol及Hallminster两家英国公司，之后英国人投入资金，进行了两项重要变革。

　　首先，1963年于拉图堡西边扩大12.5公顷的葡萄园面积。扩园目的不在增加拉图堡正牌酒的产量，而是为了生产二军酒Les Forts de Latour（首年份为1966年），西边园区的葡萄园果实也绝不用以掺入正牌酒酿造。再者，重新整理及维修拉图堡自19世纪初期即已建立的地下排水系统，好让部分黏土含量较高的地块也有顺畅的排水管道。

　　1993年春，春天百货（Printemps）及法雅客（Fnac）的老板方斯瓦·皮诺（François Pinault）购下拉图堡93%的股权，成为最大的股东。在落入英人之手30年后，拉图堡终于再度回到法国企业家的手里。2008年12月底，方斯瓦·皮诺因旗下控股公司Artemis的整体表现欠佳，面临财务压力，于是"皮诺将抛售拉图堡"的传闻甚嚣尘上，不过始终遭到酒庄方面的否认。

围墙内的美酿

　　目前拉图堡共涵盖78公顷的葡萄园面

1. 农耕机正进行松土作业，右为酿酒厂、办公室及品酒室所在。

2. 拉图堡正牌酒以100%全新橡木桶熟成。

3. 自1999年起，拉图堡在瓶背下端都会激光刻印产品履历编号。以这瓶2006年份的拉图堡正牌酒所属编号LG06 C17DF189 008703为例，LG06指的是2006年份正牌（Grand Vin）酒款，C17指的是酒酿自17号发酵桶，DF为某软木塞制造商编号，189指此酒于装瓶当年的第189天装瓶，8703则为酒瓶的流水编号。

4. 拉图堡正牌酒的软木塞激光打印标志，标志一律朝上而非朝下。1999年份前的标志上仅出现堡垒图案，并无狮子高踞堡垒顶端。

积，其中47公顷围绕在酒庄城堡及酿酒厂周遭，乃拉图堡历史名园，也被称为"内围园"（Enclos），所有拉图堡正牌酒款都以此园葡萄酿制。内围园北隔一条无名小溪与五级酒庄Château Haut-Bages-Libéral对望，南边则以Jaille de Juillac小溪与圣朱里安酒村二级名庄Léoville-Las-Cases相邻，西有旁临D2省道的围墙为界，东接吉隆特河（Gironde），与河仅距300米，是五大酒庄当中最邻近河者。

相较于勃艮第产区，波尔多的园区划分并没有法规规范，所以相当笼统，因而有酒庄在1855年分级制后因扩园而致使酒质不若过往的情形出现。然而拉图堡却是特例，自然环境划出位于砾石圆丘上的内围园，东西南北界线明确，天然围墙内的绝佳风土造就了全波尔多最优质的葡萄园。园内70%的表土都被全波尔多最巨大的砾石所覆盖，因而贫瘠、排水性佳，又能反射阳光，促进葡萄成熟。地下土层则有许多黏土质，在极旱之年如1990、1995、2003年份，葡萄仍可自黏土中汲取所需水分。

也因内围园邻河（按当地人说法，若可望见河面，必是优质园），有河水调节，气候温和，再加上砾石反射阳光，内围园的气温比其他园区略高，故此园通常发芽最早，采收也最早（若采收季遇雨，常见的情况是拉图堡已完成采收，其他酒庄却还在与天对赌）。虽然发芽较早，但内围园却极少有春季霜害冻死初抽嫩芽的情形。以1991年的大霜害为例，整个波尔多损失了70%的收成，但拉图堡却仅损失30%，可见此园的特殊秀异。

二军之王

拉图堡的二军酒称为Les Forts de Latour，是五大酒庄二军酒款当中品质最优异也最稳定者。此酒的组成来自三方面：首先是内围园树龄不满12年的年轻树藤果实；再则是来自酒庄西边的3块地：Petit Batailly、Comtesse de Lalande及Les Forts de Latour，其中以Petit Batailly最为重要，为此酒的主干；第三，当酒液经分析不够格成为正牌拉图堡时，会降格并掺入二军酒。

此外，拉图堡自1973年起也开始生产三军酒，酒名简称为Pauillac，主要是由二军酒淘汰下来，加上前述3块地的年轻树藤所酿酒液混合装瓶而成的酒款。之后，酒庄仅在1974及1987年份生产过三军酒。不过自1990年份开始，酒庄每年都会推出三军酒，近年此酒品质已有相当不错的表现，例如2008年份的拉图三军，笔者即相当推荐。基本上，酒庄每年都会产正牌拉图堡约20万瓶，约占总产量的55%；二军Les Forts de Latour年均产量12万瓶，约占总产量的37%；三军酒Pauillac产量最少，平均年产量约2.5万瓶。

分3次采收

目前拉图堡以接近有机农法的方式耕植葡萄园，并取几小块地实验自然动力法的成效。因葡萄园贫瘠、多砾石，故有时须施以有机肥料以补给树株养分。有机肥的制法乃取用邻居

站在酿酒厂2楼，可清楚望见后方的吉隆特河（Gironde），该河具有调节气温的作用。

1. 酿酒厂木门上牧神潘的雕刻。

2. 二军酒Les Forts de Latour以50%的新桶酿成，较之正牌含有较多的梅乐葡萄。

3. 拉图堡三军酒Pauillac，产量最少，品质颇佳。

4. 拉图堡原有一建于14世纪的防御性堡垒，称为"圣隆伯之塔"（La Tour de Saint-Lambert，即酒庄名称的起源），后毁于战祸，不复存在。后来的庄主于18世纪中期建立此圆形堡塔（图左）以资纪念，其现已成为拉图堡的著名地标，最初为一鸽舍。右为酒庄的私人城堡大宅。

牧羊人收集的羊粪，混合碾碎后的葡萄枝梗，进行发酵后施用。由于粪肥发酵时，内部温度可高达70摄氏度左右，能杀死任何葡萄梗上的有害菌，因此葡萄树毫无感染之虞。

采收时都以小型塑料篮盛装（2001年份起），且每篮平均只装9千克葡萄，以避免任何因葡萄串互相堆压流汁所造成的氧化后果。此外，由于拉图堡不在部分地块施行全面性地块重植做法，仅拔除单一病树或不事生产的衰老树株，尽量提高平均树龄，因而葡萄园里常见到老树新株混种的情形，甚至在某些赤霞珠的地块，还可见到梅乐百年老树与其混植的情形，相当罕见。实际作业时会先采收年轻树株（以蓝色绳带标示），再采收成熟树株，第三次则采收散落园区四处的梅乐百年老藤（以白色绳带标示）。

之后，不同地块、不同品种、不同树龄的酒款都会分别以不锈钢槽进行酿制，尔后导入小型橡木桶中陈酿约3个月；等到采收第二年的3月再进行最终混调；接下来，经过约18个月的桶中熟成，进行黏合滤清（不过滤），再行装瓶。拉图堡于1964年放弃木造酒槽，改

以易于控温的不锈钢发酵槽酿酒，算是全波尔多第二家实行此法的酒庄；抢得头香的是1961年便购置大型不锈钢发酵槽的欧布里雍堡（Château Haut-Brion）。而五大酒庄里的其他三大：拉菲堡（主要使用木槽，部分使用不锈钢槽）、木桐堡（全部木槽）及玛歌堡（Château Margaux，几乎仅有木槽），则仍以木造酒槽酿酒。

酿酒发酵时会采取淋汁（Remontage）的做法，即在发酵槽底端抽出酒汁，同时自酒槽上方将酒淋在浮于桶中的葡萄皮渣上，以加强萃取。但针对酿制正牌拉图堡的赤霞珠品种而言，酒庄还会采取较特殊的抽空淋汁法（Délestage），即将酒液完全自发酵槽中抽空，置于另一桶中，待几个小时后原来槽中的皮渣完全干燥（已降至槽底），再将抽出的酒液淋洒于发酵槽里。如此一来，萃取效果会更佳，且因酒液与空气接触较多，丹宁会显得较为软熟，还有更早固定酒色之效。当然，若原先的葡萄品质不佳，则所萃之物非但不是精华，反而成为粗劣的酒品。

1. 左边水井据说是当初"圣隆伯之塔"的所在位置，而建筑水井的石块便取自"圣隆伯之塔"所遗石材。
2. 左为酒窖大师暨酿酒师Pierre-Henri Chabot，右为葡萄园研究中心负责人Pénélope Godefroy小姐。

葡萄园位于一砾石圆丘之上，排水性特佳。

23万升的巨无霸

　　直到1970年，酒庄仍以手工自各个橡木桶中个别装瓶，但如此会造成单瓶风味略有差异的情形出现（因每个橡木桶的木质纹路都不尽相同）。1971年后，则采取先将几个橡木桶的酒液混调均匀再进行装瓶的办法，但仍未能解决全部问题。2001年拉图堡在新酒窖里建立了一个容量高达23万升的酒液混合水泥槽，足以将总数超过30万瓶正常瓶装的酒液混匀后才进行装瓶。也就是说，平均年产量20万瓶的正牌拉图堡，在经过巨无霸酒槽的洗礼后，理论上特定年份的拉图堡，从第一瓶到第20万瓶，品质及风格都会一模一样！

　　拉图堡以其色深浓酽、浑厚深沉、架构宽大、内里扎实及余韵悠长引人，更以酒质稳定、耐久经放而令人臣服，一如酒标上雄狮端踞，傲视万方。巨兽瞪视无数庄主来去，光阴流转，世代更迭，拉图堡却始终如一，以其傲人酒质睥睨酒坛！🍷

Château Latour

Saint-Lambert

33250 Pauillac, France

Tel: +33 (05) 56 73 19 80

Fax: +33 (05) 56 73 19 81

E-mail: s.favreau@chateau-latour.com

Website: http://www.chateau-latour.com

1. 陈年用的小型橡木桶。酒厂向12家桶厂购桶，以增加酒质的复杂度。

2. 清洗酒桶后，酒厂会燃烧二氧化硫碇，并置入桶中进行消毒，可避免之后倾入的葡萄酒氧化。厂方表示，此法比液态二氧化硫更有效率，因此可减少剂量。

3. 拉图堡酒款都会以高级白色丝质纸包装后才进行装箱。

玛歌的前世今生
Château Margaux

　　周遭喝酒圈子于某些欢庆场合，常会端出波尔多五大酒庄酩酒以为庆贺。但奇怪的是，常见到拉图堡、木桐堡、拉菲堡及欧布里雍堡轮流现身，而玛歌堡（Château Margaux）却鲜少露面，原因何在？

　　反向来说，拉图堡酒体坚实浑厚，年份不论，水准整齐；木桐堡丰美甜润具深度；拉菲堡古典严谨，有绅士风范；欧布里雍堡醇酽世故，口感复杂；而玛歌堡，其柔美和芬芳特质所衍生的想象中还包括阴柔、细致和高雅。然而花大把银两的酒客多半是男性，除了约会时刻，绝大多数时候为了展现男子气概，所以大男人通常不会端出玛歌，否则，似乎英雄气短、矮人一截。

　　婉约阴性的柔美气质确实可自玛歌堡寻得，但其特质仅止于此吗？1815年，令众人景仰的波尔多葡萄酒中介商罗腾（William Lawton）曾写下对波尔多葡萄酒的观感，此文件甚至成为当时业界的圣经，极具参考价值。罗腾指出，玛歌酒村的酒款"特色在于紧实感，或可称坚硬感，此特质与圣朱里安或波雅克酒村相异，尤其圣朱里安酒款以柔润甜美著称"。英国葡萄酒作家尼可拉·费斯（Nicholas Faith）在其著作《玛歌堡》中指出，当代新玛歌堡已恢复19世纪初的真貌，乃是对旧传统的Reversion。"Reversion"在法律上是指财产的继承权，在生物学上则是指返祖现象或隔代遗传。也就是说，新玛歌堡恰似

玛歌堡拥有自己的制桶厂（仅有1名制桶师，每天可制作3个桶），但只能提供全年用量的1/3，还须另外向6个桶厂购买橡木桶。

电影《美丽佳人欧兰朵》中"雌雄同体"的主角，以阴阳并济之姿展现温婉坚强、细腻坚毅的全人性格。英国诗人柯尔瑞奇（Samuel Taylor Coleridge, 1772—1834）曾说："伟大的心灵总是雌雄同体。"而新玛歌堡，正是伟大心灵的再现。

新玛歌·1978

400年来玛歌堡多次转手易主，1950年以酒商事业起家的费南·吉耐斯特（Fernand Ginestet）购入玛歌堡。但20世纪70年代的全球经济衰退，使吉耐斯特家族无力继续倾入资金以维持玛歌堡的正常运作，再加上酒质转差，酿出难以销售的1972、1973及1974年份，困境愈是雪上加霜，只好对外求售。

1977年入籍法国的希腊裔安德烈·曼哲洛普洛斯（André Mentzelopoulos）购下玛歌堡，不计成本，立即投入重金整顿玛歌堡，包括修整玛歌堡本身建筑物、拔除老病葡萄树改植新株，以及维修园区的地下排水系统。他还聘来波尔多现代酿酒学权威艾密勒·裴诺（Emile Peynaud, 1912—2004）为顾问，仅一年光景就进步神速，成绩令人刮目相看。裴诺认为1978年份的玛歌堡居当年五大酒庄之首（或许只有拉图堡可与其媲美）。甚至有专家指出，该年份玛歌堡比拉图堡还要结构扎实、浓郁丰厚。自此，酒商罗腾于19世纪所传述的玛歌酒村酒款之坚实感，终为世人所见。软硬兼备的才情完全体现在"新玛歌"里。

除了安德烈·曼哲洛普洛斯的决心，酿酒大师艾密勒·裴诺才是真正的幕后功臣。但仅费时一年，酒质便能有彻头彻尾的转变，这是如何办到的？玛歌堡现任酒庄总管保罗·庞塔列（Paul Pontallier）受访时表示，其实裴诺的最大贡献在于，让玛歌堡二军酒红亭（Pavillon Rouge）重出江湖，只以最佳酒液酿造正牌玛歌堡，大幅提升酒质。玛歌堡于19世纪末即已生产二军酒，不过其确实品牌名称红亭于1908年才定。然而自20世纪30年代到70年代中期，红亭几近消失，而缺少二军的筛选机制，玛歌堡酒质未达水准也是意料中事。

1978、1979年份之际，二军酒红亭仅占总产量的1/4，此后产量逐步增加到50%。在天公不作美的1987年份，酒庄甚至筛下60%的葡萄，只有40%成为玛歌正牌酒，其中约有6000瓶的葡萄酒装瓶成三军酒。不过，不像拉图堡将三军酒Pauillac以酒庄名号挂名出售，玛歌堡的三军是整桶卖给其他酒商的无名酒，由酒商再自行命名，以玛歌村普通未列级的酒款转售。此番努力，让美国酒评家帕克重新将玛歌堡视为波尔多的极致典范。

保罗和柯琳

天道难违，玛歌堡重生未久，庄主安德烈·曼哲洛普洛斯便于1980年撒手人寰，之后由女儿柯琳·曼哲洛普洛斯（Corinne Mentzelopoulos）接手。当时未满30岁的柯琳选择同样年轻、年仅28岁的保罗·庞塔列担任酒庄总管，此举震惊了波尔多酒界。保罗当时从没有实际经营酒庄的经验，这般人选所为何来？柯琳的回答出乎意料的简单："这个人要能与我长久奋斗！"保罗虽是初生之犊，但他是酿酒学系的高才生，二十几岁便以"葡萄酒在橡木桶里的熟成"为研究题目获得博士文凭。服役期间曾在智利教授酿酒学，可说是智利酿酒业的幕后推手之一。目前他除了与

1

2

3

4

1. 此为玛歌堡的首年熟成窖，与玛歌堡同时建成于1815年左右。

2. 新酒刚装桶的前6个月，是以可透气的玻璃桶塞封住，这时酒液会部分蒸发，须运用大量的人力和葡萄酒，将散逸的酒再度填满以防氧化，此即添桶。

3. 在采收第二年夏季热浪来临前，将首年熟成窖的橡木桶搬到第二年熟成窖，再继续熟成约14个月。此地下酒窖建于1982年。

4. 玛歌堡接待室内的巨幅海报。

Château Cos d'Estournel的前庄主Bruno Prats在智利共同设有Domaine Paul Bruno外，也担任南非酒庄Plaisir de Merle的酿酒顾问（中国台湾有代理商进口）。

　　1993年或因资金周转的原因，柯琳出让玛歌堡大部分股权给意大利安奈利（Agnelli）家族。该家族的吉亚尼·安奈利（Gianni Agnelli）正是意大利菲亚特汽车集团的总裁。但柯琳依旧掌有经营权，这个转变也让柯琳得以全神贯注经营玛歌堡。2003年安奈利家族决定释出酒庄股权，柯琳趁机买回当初全数让出的股权，成为目前玛歌堡的唯一持股人。

　　玛歌堡的葡萄园里，葡萄品种的种植比例约为75%的赤霞珠（Cabernet Sauvignon）、20%的梅乐（Merlot），以及剩下的品丽珠（Cabernet Franc）和小维尔多（Petit Verdot）。不过近年在保罗的主导下，小维尔多的种植面积略有增加。虽然五大酒庄都以其砾石土质闻名，但玛歌堡应是其中地质最复杂者，砾石、黏土、石灰土及沙质土都极常见，也因此全区

约87公顷的葡萄园被划分成50个小区；采收时基本上会采取分区、分品种方式，且分开酿制；若某些区块的葡萄成熟度相近，会一同采收，即便如此，每年据此酿出的不同批次葡萄酒还约有40种，待发酵后置入橡木桶里，等来年2月再进行最终混调。自2009年起，玛歌堡改以小型采收篮取代先前的背式直立采收深桶，以免压损鲜采葡萄影响后来的酿酒品质（小篮仅能装约7千克重的葡萄，应是五大酒庄里容量最小者）。

　　玛歌堡都是以容量15000升的大型木槽来发酵酿酒，屈指可数的几个不锈钢槽仅在丰收年份因木槽数量不足时才使用。然而自2009年起，酒厂添购了一些容量大小不一的不锈钢发酵槽（有2500、3000到5000升三种容量），以方便实践更精密的分区酿酒法。当初庄主安德烈·曼哲洛普洛斯是依据美学观点，决定续用木槽而未追随拉图堡全面采用不锈钢槽。不过在实际运用上，木槽除了保温性能较佳外，总管保罗·庞塔列还指出，本厂圆锥形木槽的形

1. 玛歌堡古典的三角楣饰及其下的爱奥尼亚式（Ionic）列柱，颇具希腊风情，这或许是前庄主安德烈·曼哲洛普洛斯（André Mentzelopoulos）之所以深爱玛歌堡的原因（建筑师为Louis Combes, 1754—1818）。

2. 玛歌堡依旧以容量为15000升的大型木槽来酿酒。

1. 玛歌堡正牌酒。近年来每年仅有约1/3的酒液装瓶为正牌酒。酿酒大师艾密勒·裴诺在担任酒厂酿酒顾问任内所酿酒款当中，自认为以下几个年份相当精彩，品质由低到高分别是1979、1985、1988、1989、1982、1986、1983及1990。

2. 玛歌堡二军酒红亭。近年来每年约有五成的酒液装瓶成二军酒。

3. 玛歌堡白亭已成为波尔多白酒的品质象征之一。

4. 色深浓醇的玛歌堡，不仅芬芳温婉细腻，而且具有浓郁坚毅的性格。

状开口小下盘大，个个呈"心宽体胖"状，葡萄皮渣和酒液的浸泡面积增加，更具萃取上的优势。而一般的不锈钢发酵槽都采用槽型较为高挑的直线圆柱形设计，萃取上自然不如宽腰状木槽（拉图堡除外，其不锈钢槽也采用传统的圆锥宽体形）。

玛歌堡的酿酒方法与多数的优质酒庄大同小异。值得一提的是，自20世纪90年代初起，保罗·庞塔列的榨汁酒（桶内酒液发酵完毕后流出自流酒，再将所剩皮渣层榨汁，即为榨汁酒）采取细腻的分压多段榨取，平均每年可榨取300个小型橡木桶的榨汁酒，品尝后重组成7～8款的榨汁酒分开存放，同样等到来年2月进行最终混调之际，再依需要添加正牌玛歌堡或二军酒当中。

玛歌堡自17世纪起便有酿造白酒的传统，不过当初仅称玛歌堡白酒，直到1920年才正式命名为白亭（Pavillon Blanc）。此酒以100%长相思品种酿成，该地块因易有春霜冻坏春季嫩芽，因此当初并未划入玛歌酒村的法定产区，仅以一般波尔多白酒的等级出售。然而由于酒质颇佳，加上玛歌堡盛名庇佑，因此酒价也属贵族等级。白亭酒液直接于小型橡木桶内发酵，有时会进行搅桶，于桶内熟成8个月后装瓶，酿法近似勃艮第白酒。

在安德烈·曼哲洛普洛斯接手经营前（亦即新玛歌堡现身前），酒庄仅在绝佳年份才能酿出绝世美酿，如1900、1953、1961年等。目前在保罗和柯琳的联手下，玛歌堡不再阴晴不定、参差不齐，反而年年都能展现出既温婉又坚毅的特质。🍷

Château Margaux
33460 Margaux, France
Tél. : +33 (05) 57 88 83 83
Fax. : +33 (05) 57 88 31 32
Website: http://www.chateau-margaux.com

1. 玛歌堡正牌酒通常掺有八成左右的赤霞珠葡萄。

2. 酒庄所珍藏的19世纪玛歌堡老酒。

3. 酒庄总管保罗·庞塔列（Paul Pontallier）指出，自1980年起，玛歌堡酒瓶上都刻有激光序号以防假酒。不过自1995年起，每瓶酒才有自己的独特序号，之前每瓶酒都使用该年份的统一序号。

波都名庄之源
Château Haut-Brion

深红宝石透晰紫光，鼻息幽微繁复，啖入口，酒体腴滑，果香甘美脱俗，正格好酒。让—菲利普·德玛斯（Jean-Philippe Delmas）说："此酒平均每升只含2克余糖，甜美的口感得自于酒精的副产品，如甘油、甘露醇等。""酒里含有多种酸，如酒石酸、苹果酸、乳酸等，与甜味对位和谐，是佳酿的两大平衡支柱。"

德玛斯的话语一直回荡于大理石品酒厅中。欧布里雍堡（Château Haut-Brion）3楼是接待贵宾访客的优雅品酒大厅，与我一同品饮的德玛斯正是欧布里雍堡的酒庄总管，从种植到酿造，全由他严密监督。由品酒厅下望，5月底的葡萄园已然绿意森森，园里大小不一而足的

圆形砾石掩覆在葡萄树根之上。这些砾石在冰河时期从比利牛斯山巅往下滚落至此，圆石力有未逮，不再往前，在此蓄积成两小圆丘，人称"布里雍圆丘"。1549年建于圆丘高处旁的酒庄巨堡即被命名为"欧布里雍堡"。"欧"（Haut），即法文"高处"之意。

17世纪的英国作家山缪·皮普斯（Samuel Pepys, 1633—1703）于1663年4月10日在个人日记中载录："在伦敦的皇家橡树酒馆，我喝到一种叫做欧布里雍的法国酒，是一种我从未喝过的特殊风味……"此乃有史以来第一款法国顶级酒以酒庄的名号在英国市场闯出名气，之前的波尔多酒英国人通称为"克雷瑞特"（Claret），指其酒味清淡酸瘦。自此，欧布

欧布里雍堡于17世纪重新定义了波尔多葡萄酒，以深邃的醍醐味让英国人赞叹不已。

里雍堡重新定义了波尔多葡萄酒，其因浓醇深邃的醒醐味被英国人称为"新派法国波尔多酒"（New French Claret）。

当时的欧布里雍堡庄主朋塔克·阿诺三世（Arnaud Ⅲ de Pontac, 1599—1681）曾任首届波尔多议会议长，更是广受敬重的葡萄酒酿酒师。许多今日酒庄沿用的酿酒技巧都是由朋塔克所创，例如以添桶（Ouillage）技巧防止酒液氧化、换桶去渣（Soutirage）以维持酒液澄清和酒香净醇。他也明白如何陈年葡萄酒，让绝佳年份出自绝好风土所产的酪酿能借由陈年熟化彰显酒的精彩繁复，甚至勾魂摄魄。其实朋塔克是新派法国波尔多酒的催生者，但其贡献绝少人提及，在此还其公道。

白宫御用美酿

1787年美国派驻巴黎的大使托马斯·杰斐逊（后来的美国总统）于5月来访波尔多，也参访了当时已威震天下的欧布里雍堡。杰斐逊的观察是："欧布里雍堡在我的细观下，土壤里含有许多粗沙，还有同样数量的巨大砾石及若干散落四处的小石块，还含有类似波尔多梅多克地区的河泥。"他将欧布里雍堡与玛歌堡、拉菲堡及拉图堡，并列为波尔多四大最佳酒庄。在杰斐逊成为美国第三任总统后，欧布里雍堡的美酿也就成为白宫常用的待客酒款。而在波尔多1855年的官方分级中，当时的四大一级酒庄正是上述4款。至于木桐堡名列波尔多第五大名庄的事，则是发生于1973年的破格晋级的后话。

据1922年的可信数据显示，1918年份的拉菲堡和玛歌堡单瓶售价都是8法郎（旧法郎），拉图堡为9法郎（旧法郎），而教会欧布里雍堡（Château La Mission Haut-Brion）则是10法郎（旧法郎）。当年领先群伦者乃欧布里雍堡，其当时售价是14法郎（旧法郎），足见该庄的实力和酒坛领导地位。

美国银行家接手·再启新页

1935年，纽约实业家克雷伦斯·狄龙（Clarence Dillon）本有意购买波尔多右岸的

1. 本堡葡萄园四周有市郊房舍围绕，形成特殊的微气候，葡萄因此较为早熟。

2. 欧布里雍堡的地下酒窖，其红酒须经22个月的桶储熟成。酒庄都先执行混调，再将酒液导入橡木桶中熟成。

左为1988年份的欧布里雍堡，右为1924年份的同款酒。本堡自
1958年起推出左边的特殊瓶装，与众不同。

名庄白马堡（Château Cheval Blanc），却因清晨在迷雾中走错方向，见着耀眼的金光破云穿雾洒落在欧布里雍堡上，动心莫名，于是签约购下此堡。后又巨资投入整厂翻新，以传统为纲，借科技为用，将欧布里雍堡的声望和酒质维持在巅峰状态。

1983年狄龙家族再向沃特奈尔（Woltner）家族购下3家临旁的酒庄，分别是教会欧布里雍堡、拉维·欧布里雍堡（Château Laville Haut-Brion）及拉图·欧布里雍堡（Château La Tour Haut-Brion）。至此，狄龙家族坐拥众家名庄，葡萄酒帝国气势恢弘，尤以能将昔日对手教会欧布里雍堡一并纳入麾下，两大欧布里雍就像手握"倚天剑"及"屠龙刀"，让狄龙家族集团更加不可一世。

欧布里雍堡的二军酒称为Bahans Haut-Brion，但自2007年份起，改名为Le Clarence de Haut-Brion，以纪念克雷伦斯·狄龙于1935年购下此堡的事迹。这番更名，一方面是狄龙曾外孙，同时也是目前集团总经理罗伯特·卢森堡王子（Le Prince Robert de Luxembourg）的孝心使然；另一方面，据说是因为英国人抱怨二军酒原有的名称Bahans难以发音所致。

拉图·欧布里雍堡现已不再生产，其最后年份是相当精彩的2005年。自2006年份起，拉图·欧布里雍堡原有的葡萄园被并入教会欧布里雍堡（两堡葡萄园的部分地块原就相邻）。然而两堡葡萄园的品质仍有差异，因此大部分原有的拉图·欧布里雍堡葡萄，都被用来酿造教会欧布里雍堡的二军酒La Chapelle de La Mission Haut-Brion，少部分被用来酿造教会欧布里雍堡。

欧布里雍堡园区的品种组成为45%的赤霞珠、40%的梅乐及5%的品丽珠。不过最终混调后，瓶中实际的品种组成，梅乐常常占有四到六成的比例，算是左岸名庄当中比例最高者（当然还比不上右岸酒庄）。再加上欧布里雍堡位于波尔多市西南郊的贝沙克市（Pessac），园区周边除了高墙围绕，部分地块甚至与民舍、公寓毗邻，形成特殊的微气候，气温较乡间的葡萄园要高些，总是该区最早采收的酒庄，也常在法定采收日前破例开

1

2

1. 在酒庄品试年轻酒款时，"先红后白"可避免先试的白酒酸度强调了后饮的红酒丹宁涩度。

2. 欧布里雍堡著名的大理石品酒厅，桌面以黑色大理石打造而成。

1

2

3

4

5

6

7

8

1. Château La Mission Haut-Brion。

2. La Chapelle de La Mission Haut-Brion
（La Mission Haut-Brion二军酒）。

3. Château Bahans Haut-Brion（Château
Haut-Brion二军酒，自2007年份起改名
为Le Clarence de Haut-Brion）。

4. Le Clarence de Haut-Brion（Château
Haut-Brion二军酒）。

5. Château La Tour Haut-Brion（最后生产
年份为2005年）。

6. Château Haut-Brion Blanc。

7. Les Plantiers du Haut-Brion（Château
Haut-Brion Blanc二军酒）。

8. Château Laville Haut-Brion。

1. 1801年欧布里雍堡由Talleyrand-Perigord购下，他是拿破仑皇帝的外交大臣，其外交餐宴都以欧布里雍堡的美酒飨宴宾客；美酒搭配佳肴，当时宴客菜肴都是由法国史上第一名厨卡汉姆（Carême）所包办。

2. 17世纪的欧布里雍堡庄主——朋塔克·阿诺三世（Arnaud III de Pontac）酿技杰出，今日许多酒庄沿用的酿酒技巧都是朋塔克当时的新创。

3. 德玛斯一家三代都任职欧布里雍堡的酒庄总管：后立者为让－伯纳·德玛斯（Jean-Bernard Delmas），前者为现任总管让－菲利普·德玛斯（Jean-Philippe Delmas）。

4. 欧布里雍堡的酒标取自堡体正面的铜雕画。

采。以上两点使本堡的酒体较软熟可口，是五大酒庄中成熟最速者。

波都两大白酒经典

如同贝沙克—雷奥良（Pessac-Léognan）产区的其他酒庄一样，欧布里雍堡及教会欧布里雍堡都同时酿制白酒，前者为欧布里雍堡白酒（Château Haut-Brion Blanc），后者为拉维·欧布里雍堡。通常欧布里雍堡白酒的丰厚和劲道胜过拉维·欧布里雍堡，因此在品尝顺序上，欧布里雍堡白酒总是殿后压阵，两者都是波尔多干白酒的绝佳典范。

欧布里雍堡白酒的葡萄园品种组成约为长相思（Sauvignon Blanc）和赛美容（Sémillon）各50%。拉维·欧布里雍堡园里的赛美容占有将近85%的面积，不过德玛斯逐步提高园里长相思的占比，达到约35%。当初拥有教会欧布里雍堡的沃特奈尔家族于20世纪20年代末购入拉维·欧布里雍堡，原欲帮教会欧布里雍堡增添一款白酒，也酿出了3个年份的La Mission Haut-Brion Blanc（分别是1928、1929及1930年，如此命名是方便营销推广），然而后来顾虑到此白酒酒质还未达到最高水平，生怕折损教会欧布里雍堡的崇高声誉，因此再改回原来庄名——拉维·欧布里雍堡。但自2009年份起又改回La Mission Haut-Brion Blanc酒名。顺道一提，同产区的Château Larrivet Haut-Brion和狄龙家族旗下的众家欧布里雍系列酒庄毫无关系，地理位置也相距遥远。

德玛斯三代

欧布里雍堡的酒质出众，幕后推手是德玛斯的祖、父、孙三代，尤以让—菲利普·德玛斯之父，亦即波尔多著名酿酒人让—伯纳·德玛斯（Jean-Bernard Delmas）的贡献最为卓著。在刚接下酿酒重任的首年份1961年，他便引进不锈钢发酵槽来酿酒，为波尔多首创，承继17世纪庄主朋塔克·阿诺三世的优良传统，开酿酒技术之先河。

本堡的不锈钢发酵桶与众不同，采取斜底设计，待发酵完毕，自下方开槽收取自流酒时，受斜底重力的影响，葡萄皮渣层会斜倾到槽口处，并尽可能滴尽内含的葡萄酒汁。几小时后皮渣层已无酒汁滴落时，才进行压榨，以获取榨汁酒。基本上榨汁酒的品质较差，若要获取优质榨汁酒，一是采取多段榨汁，另一则采取独家秘法，就像本堡尽量减少皮渣层可压出的榨汁酒含量，仅加入少许榨汁酒做最终混调。一般优质酒庄会加入约5%的榨汁酒，品质较差者会加入超过10%的榨汁酒，欧布里雍堡则仅掺入2%～3%的榨汁酒。

同样由让—伯纳·德玛斯自1972年起着手进行的“马撒拉选种”（Sélection Massale），其研究深度也独步酒坛。20世纪70年代市场上出现许多号称可抗病的无性生殖系植株，看似有益，其实产量过大，葡萄品质不佳。有鉴于此，本堡开始长达三十几年的育种研究。首先从自家园区汰选出最优良种株（马撒拉选种），再据此培育此园特有的无性生殖系。马撒拉选种的遴选标准为：果实须丹宁多、色泽深、甜度高且酸度适中。目前园区里共有“欧布里雍堡严选”的品丽珠8种、梅乐11种及赤霞珠15种。但自家严选的无性生殖系仅占全部园区种植比例的四成，其他六成外购而来，以增加植株的多样性，并冀望能在酒里寻得更佳的复杂风味。不过此研究并未扩及白色品种。

空瓶黑市

欧布里雍堡有采取哪些防伪措施吗？对此总管让—菲利普·德玛斯不愿多加透露，只说目前欧布里雍堡的瓶型不同于其他酒庄，是于1958年首次推出的，以期提高仿酒的困难度。尽管如此，巴黎还是有些星级餐厅的恶质侍酒师回收五大酒庄的空瓶转卖获利，尤以年份绝佳的酒款最受欢迎，例如1989年份的欧布里雍堡空瓶就非常抢手。经济好时，若星级餐厅一瓶欧布里雍堡标价在500~1000欧元，回收空瓶便有50~100欧元的身价。经济差时，这类行径会收敛许多。原来空瓶黑市所创造的地下经济，也是观察经济回春与否的重要线索呢！

本堡酒标如同其他一级酒庄一样，对外宣称是以类似银行印钞用纸及特殊油墨印制的，暗标有肉眼无法辨识、仅酒庄才能解读的记号。另一项创新做法是自2006年起，本堡在封瓶的铝箔封套内施以热胶处理，让人无法将封套以慢速旋转的方式整个抽起，开瓶前须先切开铝箔才行，但切勿与某酒款因温差漏酒，导致铝封粘住瓶颈而无法转动来相提并论。

1982的真貌

笔者敬重的香港葡萄酒收藏家M先生有回提到，香港日前有建筑商推出以"葡萄园"为名的建筑方案，独栋的豪宅小区种有从法国移植来的葡萄树，小区大道都以法国的知名酒庄命名，甚至还请来香港知名侍酒师在豪宅阳台上，右手持1982年份的欧布里雍堡，左手持一杯红酒，意在类比豪宅与顶级名酒。M道："1982年份的欧布里雍堡还能喝吗？早就该难以入口了吧！"

近年来笔者品饮过两回1982超级年份的欧布里雍堡，虽然甚好但却不突出，困惑深藏心底许久，经M一说似乎言之成理。然而，这回有幸在教会欧布里雍堡午宴，品尝酿成之后便不曾自本庄阴湿酒窖搬动过的1982年欧布里雍堡，其果味依旧深厚，层次荡漾，经典的雪茄、香料气韵悬于杯心，极为迷人。前回该是错饮了保存不当的酒品，而非细腻、有待呵护的醇酒之过。🍷

Château Haut-Brion
Domaine Clarence Dillon S.A.
33608 Pessac Cedex, France
Tel: + 33 (05) 56 00 29 30
Fax: + 33 (05) 56 98 75 14
E-mail: visit@haut-brion.com
Website: http://www.haut-brion.com/home/en

1. 教会欧布里雍堡（Château La Mission Haut-Brion）的外观，其酿酒团队与欧布里雍堡相同。
2. 欧布里雍堡的秋季采收景况，葡萄筛选输送带直接设在葡萄园内。

part **II** 贵腐甜酒
Pourriture Noble

贵腐幻术之酿

松露、侯克霍（Roquefort）奶酪及苏代（Sauternes）甜酒的共通点为何？答案是，它们都是法国的传统食材美馔！唔，这个答案仅仅停留在"百万小学堂"的程度，若要在"百万大富翁"里称霸，标准答案则是：它们都是与真菌相关的天赐美味！

真菌（Fungus），从肉眼无法察见、用以瘦脸美容的肉毒杆菌，到公元2000年被发现的世界最大生物体——奥氏蜜环菌（Armillaria Ostoyae，位于美国俄勒冈州，占地600公顷，超过8000岁，重量比一头蓝鲸更重），都属同一大家族。不过，这其中受爱酒人关注的焦点则是贵腐霉（Botrytis Cinerea）。

灰霉菌（Botrytis）存在于大自然的潮湿环境中，易造成植物发生病灶，腐败溃烂而死。然而匈牙利的多凯（Tokaji）甜酒、德国莱茵河的BA和TBA等级甜酒，还有法国波尔多的苏代（Sauternes）甜酒，都是利用灰霉菌的变种菌体始以酿成的。灰霉菌以菌丝穿透葡萄表皮，并分泌出酶，将葡萄内的大分子分解为小分子，再将小分子吸收入菌体内，便完成了其寄宿营生的目的。上述酿制甜酒的宝地虽因秋季晨间潮湿多雾，形成灰霉菌大举活跃入侵的渊薮，然而午间秋阳乍现，穿云破雾，加上秋风威助，顿时让世间阴暗霉湿无处藏身，于是遏制了灰霉菌的生长，仅让葡萄皮被菌丝穿出数千微细毛孔，之后即止住入侵。此时风和日丽将使葡萄内水分蒸发，如此若能持续多日，无雨相扰，最后葡萄会干缩成葡萄干样态，糖分大增，即成贵腐葡萄，榨汁酿得的酒便为贵

腐甜酒。腐败竟生甜美珍酿，所以人们升格称其为"贵腐霉"（Botrytis Cinerea，法文俗称Pourriture Noble，英文俗称Noble Rot，德文俗称Edelfäule）。

一般认为，匈牙利多凯（Tokaj）地区在1650年最早采收贵腐葡萄；而德国约翰尼斯堡酒庄（Schloss Johannisberg）则于1775年首次采收贵腐葡萄酿酒；至于法国波尔多，许多人猜测应是到19世纪初才出现贵腐酒酿法。然而苏代暨巴萨克列级酒庄公会（Syndicat des Grands Crus Classés de Sauternes-Barsac）的一份报告指出，1741年法国西南部归延省总督（Intendant de Guyenne）曾写道，"当地总在葡萄几近腐烂之际，才进行采收"，并"进行多次采收，好让酒里出现更甜润的口感"，此即证明当时已有贵腐的出现，且为采收到最理想贵腐状态的葡萄，这些葡萄必须在不同日子进行多次采收。

贵腐葡萄的物理化学幻术

到底贵腐葡萄里有哪些物理或化学变化，让贵腐酒具有如此迷人多变的风味？

首先是糖分增高：贵腐葡萄必须达到极成熟状态，菌丝钻透，使果实内水分蒸发，出现物理状态的"木乃伊化"现象，此时糖分很容易达到一般葡萄两倍以上的浓度。

第二，酒中的酒石酸及苹果酸降低：因水分蒸发，酒中的酸度便相对提高，然而因贵腐霉会进行新陈代谢作用，将这些酸转换成养分

伊肯堡（Château d'Yquem），是苏代地区唯一被列为"特优一级"（Premier Cru Supérieur）等级的酒庄，傲视群伦。

伊贡·米勒（Egon Müller）酒庄用来酿造TBA等级稀罕甜酒的贵腐葡萄。

（通俗点讲，就是酸被吃掉），于是酒的pH值增高，口感酸度降低，显得更柔软甜美。

第三，甘油量增加：甘油是葡萄酒精发酵后的副产品，而贵腐霉在入侵后，也会在果内释出甘油，使得甘油量比一般状态下高出许多（可达4倍），最高可达每升30克，使酒液口感更加圆润顺滑如脂，也造成类似甜美的品尝感受。

第四，贵腐霉会产生不同的酶，其中的漆霉（Laccase）氧化酶极易溶解于葡萄汁当中，使酒色转成金黄色调，且改变丹宁结构，使丹宁在口中较不易被感知。以上影响，对白色贵腐酒只有好处（酒色更美，反正白葡萄也没有太多丹宁）。但是意大利Allegrini酒庄却以红葡萄酿制丽秋朵（Recioto）甜酒，该庄不希望贵腐霉吃掉酒中的丹宁及酒色（红酒色泽略转淡薄），因而极力避免贵腐酶出现在风干葡萄里。

第五，糖分的氧化：贵腐现象会造成葡萄中葡萄糖和果糖的氧化，此一现象会替酒酿带来蜜香及焦糖香，酒色也随之转深。就像台湾地区的东方美人茶叶，经小绿叶蝉（Smaller green leafhopper Paoli，学名为Jacobiasca formosana Paoli，又名浮尘子或涎仔）吸食过（传统称为"着涎"）的一心二叶嫩茶菁，经发酵等制茶程序产生出迷人的蜜香与金黄茶汤一般，有着异曲同工之妙。

第六，对于含有较高挥发性单萜烯（Monoterpenes）的葡萄品种而言，如雷司令（Riesling）所酿成的贵腐酒，其品种特色会减弱（风味却更繁复多变）。这也是为何品饮贵腐酒时，辨别品种更显困难的原因。相比之下，未受贵腐酶侵袭的冰酒的品种特色便极为显著。

腐之华

根据1740年出版的《费悠堡葡萄园种植法则》（Rules of Cultivation of Château Filhot）的说法，这家苏代地区的二级酒庄，当时从不向客户提及腐烂葡萄的情况。尤其当时教会望弥撒时也会用到此甜酒，提及腐败未免不敬，因此贵腐葡萄的说法，仅在葡萄园的工人间口耳相传。

然而饮用此腐败转生的精华酒液，必定是洗涤心灵的一帖良方，也是困苦人生的救赎。曾于1984年写就《巴萨克及苏代》（Barsac/Sauternes）一书的吉耐斯特先生（Bernard Ginestet，曾任玛歌堡经理）便于书中指出：在18世纪末法国大革命时期，粮食缺乏，使得热量及营养价值颇高的甜酒大受欢迎。为加强其论述，他更指出，在第一次及第二次世界大战之际，贵腐甜酒及其他款式甜酒的销量也急速蹿升。而值此21世纪初经济萧条狂潮来袭之际，若狂吃巧克力尚不足以让您心情雀跃，那么就试试酒液金黄剔透的贵腐甜酒吧！但千万别在吃完巧克力仍觉心情郁卒之际立即饮用苏代甜酒，因为这两者一向井水不犯河水，极其不搭。🍷

伊贡·米勒酒庄皆以旧木桶发酵、陈年，视旧桶为让酒陈年、呼吸的酒器，不希望新桶木味渗透进酒中。

可酌饮的澄阳
Château d'Yquem

　　甜美是幻术，男女老幼五感皆为之迷醉。其实，甜以其深韵、厚度才得美，但有多少人的眼界能超越甜美，探见其身后的曲径幽处呢？

　　葡萄酒的世界除了红、白酒和香槟，甜酒也是一大品类。甜酒酿法多样，其中贵腐甜酒最为识饮者所称道。这个领域有两雄称霸，一是德国伊贡·米勒酒庄（Weingut Egon Müller-Scharzhof）的TBA等级贵腐酒；另一声名愈加盈耳的王者，是法国波尔多苏代次产区的伊肯堡（Château d'Yquem）。在苏代和巴萨克（Barsac）产区，它是唯一被列为优等一级（Premier Cru Supérieur）的酒庄，傲视其他一、二级酒庄，成为法国最具代表性的甜酒之王。

　　伊肯堡位于苏代村的制高点圆丘上，主体壮大凌人，自16世纪起建造了200多年始完成，具有中世纪防御性城堡的样貌。1785年起，律－沙律斯（Lur-Saluces）家族因姻亲关系自梭瓦奇（Sauvage）家族继承伊肯堡，至今超过两个世纪。最近一代子孙亚历山大伯爵（Alexandre de Lur-Saluces）自1968年起担任酒庄总管，统管庄内大小事务。然因家族内讧，律－沙律斯家族于1999年4月将酒庄绝大部分股权售予法国精品集团LVMH。几年前亚历山大还拥有10%的股权，今日已无持股，酒庄营运与其无涉，但他依旧是该庄高级顾问和终身荣誉大使。酒庄表示，亚历山大的兄长欧金侯爵（Eugene de Lur-Saluces）是该家族目前唯一持股者，约有30%的股份。

　　法国甜酒之王伊肯堡其实并不昂贵，本身

自1984年起，伊肯酒标上有水印标示，以防仿造，酒标也采用高级银行印钞用纸。

价值早已超越实质面额。在诱人的甜美背后，须深探其秘，才能懂得手上的逸品得之不易。

贵腐甜酒·身世之秘

　　苏代及巴萨克近郊为两水交会处，一为河面广阔的加隆河（Garonne），通海，水温较高；一为自山上流下的西洪溪（Ciron），水温原本较低，加上流经隆德（Lande）森林区，枝叶遮掩少见天日，溪水更加阴寒。无巧不成书，巴萨克村右方两水相接，由于温差巨大，因此秋晨之际激撞出掩天盖幕的雾气，带来大量湿气，适宜霉菌孢子生长散布。两村周遭葡萄树于是沾有许多霉菌，而这些霉菌足以摧毁整座葡萄园。

所幸午后暖风吹拂，秋阳眷顾葡萄树，使原本黏附在葡萄果粒上的霉菌孢子无法转化成灰霉菌真正损害葡萄，而只以千百菌丝探入果皮便停止侵害。它们在果皮上钻出无可胜数的毛细孔，顺着风顶着阳，使葡萄水分逐渐蒸散，便形成了用来酿制贵腐酒的贵腐葡萄。

伊肯堡生产总管马业（Francis Mayeur）先生总管采收、酿酒所有大小细节。他表示，在苏代的法规下，该区最高产量限制在每公顷2500升，而伊肯堡平均产量仅达每公顷1000升，远低于限制，可见其筛选之严。平均每株葡萄树留有8串葡萄，而8串仅能酿得一杯伊肯堡，平均7株树仅能酿成一瓶伊肯堡，该庄每年酿制约10万瓶贵腐甜酿。相较之下，波尔多五大酒庄红酒每公顷平均产量是伊肯堡的4～5倍。伊肯堡葡萄汁每升需至少含有360克的糖分才下令采收，其潜在酒精浓度为21%，但依当地法规，每升只需221克糖分即可采收。1996年的伊肯堡，每升含糖量甚至高达450克。

赛美容（Sémillon）、长相思（Sauvignon Blanc）两种白葡萄是酿制伊肯堡的葡萄品种，前者约占成酒最终混合比的75%，赋予酒蜜香、酒体及余韵长度；后者约占25%，为酒增

酒庄的精彩老酒窖藏还包含有许多19世纪的陈酿，甚至还有几瓶18世纪的窖藏。

1

2

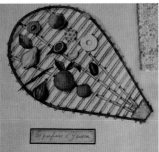

3

4

1. 传说中，1847年是伊肯堡酿制贵腐酒的首年份。但许多证据指出，其时间应还要早上许多，至少以生产总管马业（Mayeur）所尝过的1811年份伊肯堡来说，确实是贵腐甜酒无误。图为秋季采收后美景。

2. 伊肯堡具有中世纪防御性城堡的外观。

3. 酒窖外墙的彩绘图案之一，标示出在伊肯酒里有可能寻得的缤纷香气，包括无花果、菠萝、杏桃、西洋梨等。

4. 入口处的酒庄地标。

添优雅酸度及清美果香。采收季约从9月中旬开始，但若当年天气过干，贵腐霉的数量或分布状况不良，酒庄估计酿酒品质将不符要求，便会整批放弃，当年市面上就不会出现伊肯堡。马业叹息，20世纪当中便有9个年份落此下场：分别是1910、1915、1930、1951、1952、1964、1972、1974及1992年。所以若您买到一瓶1930年份稀珍的伊肯堡老酒，可就别沾沾自喜了！

精挑细选·逐粒采摘

采收时，如果某串葡萄的贵腐霉分布均匀，且干缩成完美标准的贵腐糖渍状态（Pourritures Confits），就会被整串剪下。若仅有零星几颗葡萄达到标准，则需逐粒采摘，精挑严选。如中途遇雨，则需暂停至雨过天晴、果粒风干后再续。100公顷葡萄园的采收期短则三四个星期，长则可达3个月，200名采收大军还需随时待命。

马业表示，该庄仅雇用当地经验老到的人进行采收，且仅在采收前一晚电话预约采收农。"如果采收农已被其他酒庄预定了，那怎么办？"马业答道："这种情形基本上不会发生，若预约采收却被拒绝，那么伊肯堡将从此拒其于千里外。能替伊肯堡工作，这可是莫大的荣耀啊！何况，如果此人去年已为伊肯堡采收，酒庄为感谢其忠诚度，今年采收时便会发放5%的奖金；若去年记录良好，随传随到，未缺工一天，那么再加发5%；若今年是第一次预约，便准时报到待命无误，另加发5%。"算来，若符合上述3项标准，一名忠心的伊肯堡采收农年年可多领15%的"忠诚奖金"。"还有，若预定采收当天早上多雾潮湿，或落雨而导致半天停采，伊肯堡还是会给予半天工资的。"上述种种保障，加上该庄酒坛声望，料想人人必定忠心不二吧！

之后需经3次较轻柔的气垫式压榨（约3小时），再加上第四次垂直压榨机的处理（2小时），才有办法将干缩的葡萄干精华完全释出。前3次压汁得出最优雅、最富果香的汁液，第四次则最浓甜，有最佳的余韵。四榨相混，得出当日编号的葡萄汁。由于酿制伊肯堡

品酒室外的墙上彩绘，描述脚踩榨汁的情景。

伊肯堡依旧使用传统的苏代式整枝法，即高杯式（Goblet）的变形，需以铅线固架，可减低产量，因而通常不需在夏季实行绿色采收以减低产量。

的葡萄有两种，所以每日就有两种葡萄汁，再加上数天不同日期采收压汁，最后得到的葡萄汁最多可达数十种。这些葡萄汁在100%比例的橡木桶里发酵，桶陈18个月才进行混调，接着再桶陈一年才装瓶上市。在过去酒液均需经40个月桶陈，自2005年起，桶陈时间缩短成30个月，厂方解释此乃迎合现代消费者偏爱清纯果杏所采取的对策。桶中熟成期间，酒液会自然蒸发，须进行添桶以防氧化，再过桶去渣，这个过程会再耗掉约20%的宝贵酒液，因此最终成品极为难得。

自1959年起，每当有长相思葡萄盛产，或因天气干燥导致品种贵腐程度不足时，伊肯堡就会少量酿制不甜的白酒"Y"。此酒使用比例各半的赛美容及长相思，从前桶陈时间为18个月，酒尝来氧化味较重，酒精度较高，目前桶陈时间缩短为12个月（自1996年后），口感精致均衡，果香也更清新。过往每10年当中约只有3个年份生产"Y"，平均产量约5000瓶，不易寻得。如今伊肯堡决定年年生产，提供酒迷另种选择，先甘后甜，先"Y"后

"Yquem"，增加餐饮搭配的广度及弹性。

新世纪·新风貌

目前这座走过4个世纪的历史名庄由LVMH指派的总裁皮耶·柳东（Pierre Lurton）领军。初夏午宴，葡萄酒农世家出身的柳东举杯，擎起手中的1999 Ch. d'Yquem直道："多么崇高壮丽的美酒！"（Quel vin sublime!）与前庄主亚历山大伯爵相较，柳东果有专业经理人的架势，决不含蓄腼腆，嘴中逸出伊肯酒液馨香，手指在空中翻飞，讲述数月前和挚友在诺曼底海边游艇上，就着余霞，乘着海风，大啖海蚝，品酌1999年伊肯堡。快意人生莫过如此。

柳东希望赋予形象有些僵滞的伊肯堡另一新貌。首部曲便是于2003年6月开放预购（Vente en Primeur，似期货，又称酒花购买，即当酒尚在桶中熟成时，即开放预售，价格较便宜）。在此之前，伊肯堡不似其他波尔多高级酒庄，酒未熟成即已售出。波尔多五大酒庄的酒花销售，购酒者的购买依据乃是国际酒评

1. 图为酒庄的第二年地下熟成酒窖。主要使用法国中部Allier森林及东北Vosge森林的优质橡木为木桶制作原料，分别向4个来源购买木桶，以增加酒的复杂度并减少风险。

2. 此玻璃桶塞可让酒液在木桶里发酵时所产生的二氧化碳气体逸出，同时会有极微量的氧气进入桶内，增益酒的熟成。30个月的熟成时间都是如此，随后并不会以木塞替换。

家的桶边试酒评分，亦即看分数买酒。柳东坦承，伊肯堡要生存，势必得加入这场预售战局，否则当国际媒体已在谈论2005年份时，伊肯堡却刚推出2002年份，话题显得过气，难引人注意。当初老庄主则认为，年轻的伊肯堡难以理解，怕酒评人试了新酒，无甚了解便妄下断语。

二部曲即掀开被神化的伊肯堡的面纱。柳东指出，许多人总是将手上的伊肯堡供作神明，若有人开饮一瓶不满30岁的伊肯堡，便要遭谴说是谋杀不出世的好酒。他希望打破迷思："伊肯堡年轻时特别优雅，当餐前酒也相当适宜，不输给香槟。"伊肯堡过去带着的神秘面纱，今日或许被销售压力给扯下，否则若是在过去，要采访酒庄肯定不会如此容易。

Yquem + Fish = ?

已故美国作家李察·欧内（Richard Olney，1927—1999）在其著作《伊肯堡》（Yquem）中指出，证诸史料，自19世纪到20世纪第二次世界大战期间，餐桌上的伊肯堡总是与高档鱼鲜相知相惜，互相衬托：大菱鲆（Turbot）、菱鲆（Barbue）、比目鱼（Sole）、粉红鳟（Truite Saumonée）或鲑鱼（Saumon），都是此例经典。甚至在伊肯堡之后，才饮波尔多红酒，接着才是勃艮第红酒，最后再以香槟作结，直到宾客道别，都是以香槟畅饮到底。如今看来，这算哪门子的搭配法？

昔不如今？我想，仅是时过境迁，人们的感官需求不可同日而语罢了。只要翻看法国阿尔萨斯省超过150年的食谱，就会发现许多地方菜肴都会搅入1千克以上的牛油炙菜，如今我们这些体衰的城市佬，脑转体不动，哪里需要也无从消受如此厚重的菜肴。可以确定的是，现代人的口味讲究清雅细致。另外，19世纪流行带有甜味的Demi-Sec香槟，因此殿后饮用也顺理成章。加上当时贵腐酒的采收及酿制流程相较今日或许不够严谨，或许劲道及甜度较为中庸，拿来佐餐易于觅得良缘。再看古法

1. 近年来，伊肯堡的酒款风格朝向纯净果香发展，愈见细腻，霸气略为收敛。
2. 1908年份的伊肯堡，酒色近似深普洱茶色。
3. "Y"不再以100%橡木桶陈年，现只用1/3新桶，更显清新。

酿制的勃艮第红酒，不仅层次丰富，其内蕴劲道更是毫不含糊，较之古时的波尔多红酒毫不逊色。

不过，睽诸今日的酒类形态，还是以淡雅前置，浓甜后随，较为合理。至于以伊肯堡搭配鱼鲜，则需持较为保守的态度，通常以口感浓郁的酱汁作为酒菜联姻的鹊桥，如奶油龙虾酱汁鲜干贝。此外，带甜味的猪、鸡、鸭料理也较易合搭，酱汁可取贵腐甜酒与桃、梨、苹果，或是无花果一同浓缩酱成。中式的糖醋料理，依此法则应可搭配上。另外，我倒是发现台闽的"冰糖蚝油九层塔快炒紫茄大肠"，微甜辛香，鲜糯滋肥，与贵腐甜露真是契合。

基本上，不适宜将伊肯堡搭以巧克力为底的甜点，取水果类派点为佳。但请注意，甜度切勿过高，否则很容易盖过伊肯堡酒液的风采。严格地说，伊肯堡本身就是一款无可比拟的佳点，其他都只是附属。某杂志专访里，三星名厨吉·萨瓦（Guy Savoy）建议，勿将伊肯堡搭配含有香草的甜食，因为容易产生过多的奇异木味，特记予读者参考。

作家Frederic Dard曾如此形容伊肯美酒：

天之美露下临予您

（Le nectar descend en vous）

轻阖双眼 饮之

（Fermez un instant les yeux）

睁眼 已立于生命的彼岸

（Vous voila de l'autre côté de la vie）

每当啜饮伊肯堡，就不禁感动于这上天作弄下的因缘造化，让苏代这块纳福之地，在腐败里提炼甜美至境。难怪先人赞伊肯："我可饮而后快的暖阳！" 🍷

Château d'Yquem
33210 Sauternes, France
Tel: +33 (05) 57 98 07 07
Fax: +33 (05) 57 98 07 08
Website: http://www.chateau-yquem.fr

1. 达到完美贵腐糖渍状态（Pourritures Confits）的葡萄串。此外，1972年，采收季阴雨，采采停停，酒庄破纪录连采11次，虽投下巨额人力资金，却因品质未达标准，一瓶未产。

2. 左为生产总管Francis Mayeur先生，右为酒窖总管Sandrine Garbay女士。Mayeur表示1945、1957、1967、1976、1980年是几个他推崇的年份。

德酒工艺顶峰
Weingut Egon Müller-Scharzhof

世间酒风情万种姿态撩人，唯一真正独善其身、行旅云端之上，让世俗饮家可望而不可攀，纵使集资万两，一亲芳泽的寡幸也未必临身的酒款，唯德国伊贡·米勒酒庄（Weingut Egon Müller-Scharzhof）严酿的TBA等级甜酒。法国《酒中的黄金：世界百大葡萄名酒》（L'Or du Vin：Les 100 Vins les Plus Prestigieux du Monde）一书在介绍此酒时，编辑所下副标更是直接而不啰唆——"世上最贵的葡萄酒"（Le vin le plus cher du monde）！

伊贡·米勒酒庄位于特里尔城（Trier）郊外约半小时车程，摩塞尔河（Mosel）的支流萨尔河谷（Saar）产区。特里尔城乃西罗马帝国极北且最重要的据地，此地至今还留有多处罗马建筑物遗址，如高耸30米的雄伟黑门（Porta Nigra）及旧城外的圆形剧场、公共浴堂等，皆引游客留仵。该城是德国最古老的城市之一，也是马克思主义创始人卡尔·马克思（Karl Marx, 1818—1883）的诞生地。马克思1818年生于城内一栋巴洛克风格屋宇里，此屋现已成为"马克思之屋博物馆"，贩卖马克思父亲当年所购葡萄园的产酒，成为中国大陆游客"红色旅游"的最佳伴手礼。博物馆对面有家Das Weinhaus葡萄酒专卖店，售有伊贡·米勒酒庄的三款酒，不过最高级的TBA甜酒极其罕见，当然也不可能在此现身。

进一步探看伊贡·米勒前，容我简述德国葡萄酒等级。良质酒（Qualitätswein）有两大主要分级，首先是特定产区良质酒（Qualitätswein bestimmter Anbaugebiete，简称QbA，或仅称Qualitätswein），品质差异颇大，法令允许酿造时掺糖。其二是等级高于QbA一级的特级良质酒（Qualitätswein mit Prädikat，简称QmP，或者也可简称Prädikatswein），QmP酒款不可掺糖，细分成6级，依其成熟度（即葡萄里的含糖量）由低而高分别为：

1. 卡比内特（Kabinett）：由正常熟度葡萄酿成，清爽微甜，多果味。

2. 晚摘酒（Spätlese）：比卡比内特晚约7天收成，甜香较前者为重，可酿成微甜或是不甜（Trocken）酒款。

3. 晚摘精选酒（Auslese）：将Spätlese再筛选过，成熟度也更上一层，偶尔会沾染些微贵腐霉。

4. 贵腐精选（Beerenauslese，简称BA）：由精挑出的贵腐葡萄酿成，极甜，量少。

5. 冰酒（Eiswein）：由冬日结冰葡萄酿

Scharzhof Riesling为伊贡·米勒的初阶酒，属QbA等级（但本庄不掺糖），由萨尔河谷（Saar）产区4块葡萄园果实混酿而成，物超所值。

1971 Scharzhofberger Auslese的软木塞，极长，适合久储。

成，酸甜度皆高，甜度至少有BA水准，量少。

6. 枯葡精选（Trockenbeerenauslese，简称TBA）：最稀罕，由BA再逐粒严选贵腐葡萄里完全枯萎的葡萄干以进行酿制，极浓甜，价昂。

夏兹霍夫堡至精彩者

18世纪末，拿破仑攻陷法北德境，占领莱茵河地区，也将法国大革命所标志的自由风气带入，许多教会及贵族财产被充公拍卖。1797

本庄的Scharzhofberger Auslese酒款，右下角的A.P.码倒数第二码"20"为装瓶编号，不同批次装瓶的Auslese酒款（或其他酒款）风味可能略有差别（虽然品质相近），挑剔的收藏家须多加注意。

伊贡·米勒向Le Gallais酒庄承租Wiltinger Braune Kupp这块独有葡萄园（Monopole）所酿酒款，品质优秀。右下角老鹰图示为德国顶级酒庄联合会（VDP，成立于1910年）的标志，全德约有200家酒庄为其会员，伊贡·米勒也不例外。

年，现任庄主伊贡·米勒四世（Egon Müller IV）的曾曾曾祖父便趁势买下原属圣玛莉亚修道院（Sankt Maria von Trier）的优质葡萄园夏兹霍夫堡（Scharzhofberg）。之后，因《拿破仑法典》规定家族财产须平分给所有子女，所以此园当时被均分成7块。后来，伊贡·米勒四世的曾祖父（即伊贡·米勒一世）向其兄弟姊妹购回其他地块，又因第二次世界大战后均分家产的法令不再有效，于是庄主伊贡·米勒四世目前独有8.5公顷的夏兹霍夫堡葡萄园。

1971年，有关当局认为德国酒标过于繁杂，不利于消费者辨识，且当时葡萄园名称多达1.2万个，政府遂开始进行简化，将不知名园区删去，仅留下名气较大者。虽然园区名称数量因此减少，但也使得园区划分过于笼统。以夏兹霍夫堡为例，原来仅有18公顷，而在"园名简化运动"后，扩大成目前的28公顷，新增地块主要是顶坡较寒处及东边缓坡处。伊贡·米勒的所有地块地势陡峭，向阳极佳，品质超伦，是最精华区。本庄后来又购进萨尔河谷几块葡萄园，使得自有葡萄面积达到目前的15.5公顷。

再次依约拜访时，笔者驾车来到夏兹霍夫（Scharzhof）大宅酒庄所在地，同时也是庄主一家的住所（包括年仅10岁的伊贡·米勒五世）。来到这座建于19世纪初的乳黄色深宅大院，推开厚重的木门，出现一贯西装笔挺、外表军戎气概、讲话却慢条斯理、一副学者模样的伊贡·米勒四世。若是寒冬腊月来访，品酒桌就设在餐厅，内有暖气驱寒；至于其他季节，如遇国际记者来访，按照家族几十年来的惯例，品酒都在前厅圆形黑色大理石桌上举行。

本庄仅酿雷司令（Riesling）品种白酒，总以QbA等级的Scharzhof Riesling唤醒品试者的

1

2

3

4

1. 依照家族几十年的惯例，专业人士品酒活动都会在前厅圆形黑色大理石桌上举行。

2. 1975 Scharzhofberger Trockenbeerenauslese目前市价超过6600美元。2005年虽极低产，但却是TBA的丰年，且首次在拍卖会外贩卖，读者或可通过销售商购得。

3. 本庄的卡比内特（Kabinett）等级酒款已极具水准。

4. 此为在酒庄品酒时的临时贴标，某些酒款上标有Versteigerung字样，表示此酒仅在葡萄酒年度拍卖会（The Grosser Ring Auction）上拍卖；正式酒标上不会有此字样，但会贴上拍卖会的专用白色圆形贴纸（2008年为纪念拍卖会100周年，采用金色贴纸）。

味蕾。此初阶酒款混酿自本区4个葡萄园，但不包含夏兹霍夫堡园区。其清幽蜜香、橙香飘逸，已是风格颇具的好酒。

装瓶号码之秘

按照规矩，接着要品尝来自夏兹霍夫堡精华园区的QmP各等级酒款。以卡比内特打头阵，举首次采访时品尝的2004年份一系列3款卡比内特为例，然而同年份同园区的同级酒款为何竟有3款之别？其实这不仅是伊贡·米勒家族的一贯传统，也是当地酒农承袭传统的做法，只不过若是大量生产的厂商，多半会采取大园区混调酿制的方法，所以少有多款同园区同级酒款的情形。

不知窍门者难以在购买时察觉此一秘诀。其实每张德国酒标上都有一组A.P.认证码，分别代表产区、村庄、酒庄、装瓶编号以及最后一码的品尝认可年度。其中倒数第二的装瓶编号对酒痴而言极有意思。以伊贡·米勒为例，

虽然3款2004年份卡比内特葡萄酒成熟度相同，但因同一园地各小区块所产果实仍存在微小差异，所以酒庄会视年份将不同风格的卡比内特分桶酿制、分批装瓶，每批次都给一只装瓶编号。通常清爽酒款会先装瓶，号次较小；而口感略微圆润者，通常号次较大。再以2004年份3款卡比内特为例，其装瓶编号分别是06、07及08，06果香显著，07矿石风格明显，08则圆润带辛香料味，品质虽等同，但若口舌敏锐，依旧可品出其各具风情。

本庄各级酒款都有雷同做法，以1989年份为例，该年份便有40个不同的装瓶编号，为历年之最。通常每年份有20～30个编号。德国许多酒庄形态与法国勃艮第相同，属小农制，常会发生同年份同款酒不同桶的装瓶时间各异的情况，尝来风味有时不尽相同。德国人以A.P.编号系统来解决饮者的困扰（虽然多数消费者未必注意到装瓶号码之秘），但法国人就无此类似机制，两国民族性之差异，酒里也可见真章。

1

2

3

1. 酒庄在贵腐霉开始出现时，采收之际会在采收桶旁挂上另一小盒；采收桶内放置酿制晚摘精选酒（Auslese）的葡萄，小金属盒内则放置酿制贵腐精选（BA）及枯葡精选（TBA）酒款的葡萄。

2. 当酿酒用的旧桶过于老旧破损时，酒庄还是会添购新桶，但会先以QbA等级葡萄汁发酵过（之后再决定卖出或自用），如此处理后，才会用以发酵并储存QmP较高等级酒款。

3. 夏兹霍夫堡（Scharzhofberg）园里的灰黑色板岩，有助排水，也可吸收日间太阳热能。

适合酿造卡比内特等级酒款的健康、正常熟度的葡萄。

从夏兹霍夫大堡葡萄园顶端拍摄的酒庄大宅。

接待大厅内的坚实木梯、野猎油画、壁炉、深红丝绒椅，一派贵族气息。

黑软板岩建功

夏兹霍夫大宅后方，便是陡坡角度逾越50度的名园夏兹霍夫堡。虽说摩塞尔河流域的优质园区都有多量板岩，但唯有此园富有质软易碎的黑色板岩，其崩裂碎屑混入土中，形成多矿物的优质土壤，乃伊贡·米勒的成功之母。目前园中仍有3公顷植于1895～1915年之间的百年葡萄树，且都是根瘤芽虫病浩劫的幸存者，也未嫁接在美国种的树根上，依旧低产结出最高品质的葡萄。根瘤芽虫于2003年和2004年曾在园里某几株葡萄树上现身，然而目前又消失无踪（或许潜伏于某处）。伊贡·米勒四世推测，或因此园8月多雨，让根瘤芽虫难以生存（该虫不喜沙地及突来大雨）。

伊贡·米勒四世对产量控管相当严格，但不施行绿色采收以疏掉多余果串，而以老藤、极少施肥的方式自然控制产量。对他而言，要酿出品质不差的酒款，每公顷产量不应超过6000升（这也是他接手前的本庄产量），然而一般德国酒庄产量常高达每公顷8000升以上。目前因葡萄园管理更加严格，且葡萄树整体树龄愈高，平均产量为每公顷3000～4000升。以极低产却高品质的2005年份为例，该年仅均产1500升！此外，庄主顶真究极的精神，还可由其冰酒酿制的原则中窥见。

顶真冰酒 100%

伊贡·米勒四世坦言，酿制冰酒并不难，较之贵腐甜酒，更相对简单，只要将健康成熟的葡萄留于藤上，待冬季某日清晨气温骤降至零下8摄氏度以下，便可申请采收冰葡萄以酿冰酒。这些极晚收成的葡萄甜美馨香，常是飞鸟、野猪最可口的点心。为防葡萄被啄伤或偷食，法令允许酒庄在葡萄串上套上塑料保护袋用以对抗。然而对伊贡·米勒四世而言，这样的产品无法称为100%的天然冰酒，他宁可果粒耗损，产量减少，也要恪守天然原则。他也自承，套袋法的酿酒成果并不一定较逊色，但他还是依然故我，摒弃套袋，其冰酒价格也较其他酒庄为高，但爱酒人依旧捧场，供不应求乃是常态。

伊贡·米勒四世和其父亲都偏好贵腐酒，并认为冰酒陈年后的口味复杂度还不及贵腐甜酿，因此一般认为酿制冰酒的要旨，在于求其最清透纯净的凝缩风味，所以严谨的酿酒人

1. 酒庄客厅一角，墙上手工线装书衬出主人的书香气息。
2. 伊贡四世夫人亲制番茄鲜奶泡暖汤，搭以1990 Scharzhof-berger Spätlese，酒里红浆果气息飘升，极尽挑逗之至。

在冰酒葡萄采收前，应派人采走任何沾染贵腐霉的葡萄粒。然而身为德国高级葡萄酒的最佳代表，伊贡·米勒并未特意将少数留存的贵腐葡萄与冰葡萄分离，反倒认为此举有助提升冰酒的风味。声誉卓著的本庄冰酒几乎年年都是"贵腐冰酒"，其冰酿不仅冰清玉洁，也含有繁复世故的情韵。

霉灰旧桶生美酿

登上夏兹霍夫堡登高望远，路程走来着实不易，因为脚下灰黑板岩众多，踩踏声响铿锵

交错，难以着力，因此更为费劲。参访完葡萄园，也拍下夏兹霍夫老宅的英姿后，便随庄主下园穿越松柏，临过池塘，鸡鸭鹅、青蔬、自耕草莓尽收眼底，经大宅后院，顺石梯而下，来到陈年酒窖。

QbA等级酒款在酿酒上是以不锈钢桶发酵的，等级较高的QmP则都以旧木桶发酵及陈年。伊贡·米勒视旧桶为让酒陈年和呼吸的酒器，并不希望新桶木味透入酒里。酒窖黯淡沉晦，阴湿霉灰，连桶子都显得老旧。在笔者的采访经历里，唯有教皇新堡的海雅斯堡（Château Rayas）堪与其陈旧相提并论，不过这些木桶内部都已经彻底濯洗过，以待新酒发酵其中。酒液发酵其实才是保养旧桶的最佳良方。与波尔多气派华美的酒窖相较，这里显得寒酸得多，然而酒质才是重点，更何况全世界最贵的甜酒即诞生于此，可见小巧酒庄的酿酒精神尽耗在如何严酿好酒上。

极致罕物 TBA

近午，伊贡·米勒四世和夫人留我们午膳，只消想到古宅里古画高悬，墙挂野猎奖

牌、麋鹿首，整墙的线装皮革古版书，便足以开脾醒胃，何有回拒之理。夫人端上番茄鲜奶泡暖汤，鲜奶泡凉滑微甜，佐以飒爽清酸、带辛香的茄汤。配酒是1990 Scharzhofberger Spätlese，清酸细腻不甜，与汤食相对，酒里可人的红浆果气息极其挑逗之至。

餐后庄主自酒窖起出1975 Scharzhofberger TBA枯葡精选，为这场梦幻品试谱下甜蜜终章：酒色琥珀深褐，气韵缠绵多幻，口感雅致轻巧，毫无老态，余韵绕梁三日如梦。这款极致罕物TBA只有在极佳年份才会出产，自首酿1959年份以来，只有14个出产年份，每年平均产量只有200～300瓶，换算起来，50年总产量最多才4000瓶左右，简直让全球酒迷"杀"红了眼，即使捧上大把银两也一瓶难求，只能独自"饮恨"！

TBA美酿极稀，因此Egon Müller TBA仅在特里尔城的葡萄酒年度拍卖会（The Grosser Ring Auction）上现身。拍卖会上人人平等，你我都可竞标。若各国进口商无暇到场，也多会委托当地中介代标。此酒果真名副其实"有行无市"，可遇而不可求！

众人移坐书房旧牛皮沙发，续酌TBA琥珀甜美光晕，品啖咖啡。问起伊贡·米勒四世在澳洲和朋友共同投资的酿酒计划，他欣慰地表示，位于阿德莱得丘（Adelaide Hills）的Kanta Riesling酿酒计划首年份为2005，相较其他澳洲雷司令白酒，酒质颇为优良，但真正酿出独特个性的年份则为2008年，再过两年若成效不错，三位合伙人将购买自有葡萄园建立正式酒庄。或许不久之后，这支以梵文命名的雷司令白酒（Kanta为挚爱之意），将成为澳洲白酒另一波文艺复兴运动的开路先锋。🍷

Weingut Egon Müller-Scharzhof
54459 Wiltingen, Germany
Fax: +49 (0) 6501 150263
E-mail : egon@scharzhof.de
Website: http://www.scharzhof.de

1. 庄主伊贡·米勒四世年轻时曾到日本实习半年，研究由中亚经中国丝绸之路传至日本的甲州（Koshu）葡萄特性，此品种基因有90%属于欧洲种（Vitis Vinifera）。

2. 1975 TBA瓶底沉淀物。据庄主说，这是贵腐霉的留存物，不像酒石酸可以低温去除，可证明本庄较少过滤的特质。

3. 庄主夫人出身自东欧斯洛伐克，伊贡趁探亲之便，发现该地有极佳潜力，可酿出类似法国阿尔萨斯类型的优质不甜雷司令白酒，便在2001年建立Château Belá，其酒格清丽，值得品尝。

part **III** 自然动力法
Biodynamic

自然动力法酒款，好喝！

第二次世界大战后，包括法国在内的许多欧洲国家的葡萄农都开始陆续使用除草剂、化肥等当时认为"先进"的现代化产品，但没有想到这些做法斫丧地力，酿成令人后悔莫及的惨痛后果。二十多年前，开始有人提倡施行有机农法，然其实更先进或更前卫的"自然动力法"（Biodynamic Viticulture）早在20世纪80年代初即在有识之士之间萌生，尤以法国罗亚尔河流域（La Loire）的白酒酿造者尼可拉·裘立（Nicolas Joly, 1945— ）致力最深，他著书多册阐释其理念，如今已成为此农法的"教父"级人物。

自然动力法是由奥地利裔德籍哲学家鲁道夫·史坦勒（Rudolf Steiner, 1861—1925）1924年所提出的，目的在以一系列的精准方法提升植物及农作物的健康，并增进其风味及营养价值。然而史坦勒的某些作风在外人眼里颇为怪异，又因现代人还无法以科学验证自然动力法的成效，此农法因而被蒙上一层神秘面纱，甚至有人视之为无稽巫术。尽管如此，许多实行此农法的酿酒人所酿出的酒款酒质纯洁、精妙无染，风土缩影尽在酒里，无人能否认或漠视其影响力，因此即使歧见所在多有，此农法影响力却日益扩大，俨然形成一股趋势："若不知何谓自然动力法，就真的落伍了！"

AOC 法定产区的崩坏

让尼可拉·裘立急于推广自然动力法的主因，在于他担忧法国AOC法定产区的精神将逐渐丧失崩解，而这场悲剧的序曲正是从除草剂的出现开始的。由于除草剂除了除草，也一并除去了土壤中有益的微生物，所以土壤不再生生不息生养葡萄树，而成了一片死土。于是那批化学工业界的顾问再度向葡萄农推荐化肥，以便让遭除草剂污染的土壤起死回生，岂知这仅是回光返照的做法。首先，化肥撒于表土，葡萄树因而吃肥容易，其树根便往横向发展，不往地底钻去汲取所需的养分及矿物质。而这些特定地块所含的特殊矿物质，是形成具有风土特色葡萄酒的重要元素，如今葡萄树的树根仅待在浅土层，如此酿得的酒款如何能反映AOC法定产区的精神？反而容易模糊各产区葡萄酒的独特风格。

再者，化肥成分不管是磷肥、氮肥还是钾肥，都是无机肥料，都属于矿物盐的一种，就像人多食盐必讨水饮一样，葡萄树仅吸收化肥极易口渴，需要大量补充水分，于是树株郁积过度的湿气，招致粉孢菌（Oïdium）及霜霉病（Mildiou）的侵袭，加剧饮鸩止渴的悲剧，并恶性循环下去。因为树株奄奄一息，无暇产出优秀的果实，因此好酒自然就无从期待。同样的一批人士又说话了：不打紧，酒里少酸加酸，少丹宁加丹宁；葡萄汁过稀味淡，用薄膜逆渗透机器便能加以浓缩（何况果汁愈稀淡，机器浓缩的效果就愈佳）；什么？果香单薄？有何要紧？富含各种风味的人工酵母往葡萄汁里一倒，任其发酵，要什么风味就有什么风味，覆盆子、草莓、香蕉的风味应有尽有；要添加点木头香气？商业橡木屑极容易购得，倒下去，犹如替葡萄酒精油泡澡，主意不错吧……这些化学工业界的江湖郎中及酿酒顾问沆瀣一气，殊不知开几帖狗皮膏药最终只会让大地之母病入膏肓，那伙人却可借此大捞一笔。一帖帖毒药蔓延开来，酒质每况愈下，这样的酒谁人敢喝？这样的酒喝来又何乐之有？

自然动力·健体配方

　　风土有疾，自然动力法可谓能使其强身健体的良药一帖。"自然动力"一分为二：自然（Bio）及动力（dynamic），前者为风土、生命、你我，后者为生之动能、生之能量。生之动能何以窥见？雨水可见。雨水浇花的功效强过自来水，因为雨水被大气赋予生之能量，风雨飘荡生发动能，以能量之水灌溉，功效焉能不佳？支持自然动力的人士说，体察敏锐，便能启动能量。以下介绍两种鲁道夫·史坦勒常用的自然动力法配方，以便读者一窥其皮毛。

　　配方500（Preparation 500）：牛角中塞入牛粪。此配方可使土壤里的微生物重现生机，活化土壤，如此树株可自行吸收大地的元气及养分而自体强健，不需再进食化学肥料。做法是：冬季时将牛粪填入牛角，埋入土中，整个冬季结束后再挖掘出土，取出牛粪，置入大桶以雨水稀释，用长棍顺时针搅动，使其形成漩涡，自顶端钻入桶底，然后逆时针搅动一逆漩，两漩相接成"8"字形，此即赋予此

许多"自然动力法"（Biodynamic Viticulture）的酒农偏好以马匹兽力翻土，而不用农耕机，以免机械重量压实土壤，有碍土中微生物的生长。

配方的动力法则。如此搅拌约30分钟，水质转稠，搅动会愈显容易，再继续搅动，共约1小时即成。夜间将稀释的"配方500"遍洒葡萄园里即可。每公顷面积约需使用一两个牛角的牛粪配方。

配方501（Preparation 501）：牛角中塞入硅石。此配方有助葡萄树叶进行光合作用。做法是：夏季时将研磨成极细粉状的硅石粉填入牛角，埋入土中，秋季再挖掘出土，动力搅拌方式如"配方500"，但"配方501"不是洒在土壤上，而是于晨间喷洒在葡萄树叶上。采收前喷洒"配方501"，葡萄果实能以最佳的效率进行光合作用，如此有助葡萄成熟。

"配方502" 的做法是将西洋蓍草塞入雄鹿膀胱中；**"配方503"** 则将德国洋甘菊填入家畜肠道，以制成花草灌肠。那些非自然动力法的信徒并不易理解此耕作农法。

此农法当真有效？或许就像美国怪才酿酒师蓝道·葛兰姆（Randall Grahm）所形容的，到目前为止，我们只能说"这是以自然动力法酿制的酒款，好喝"，但仍无法说"因为这是自然动力法酿制的酒款，所以好喝"。这表明，科学还无法直接证明其因果关系。无论如何，就算自然动力法无法真正提升酒的风味，但此农法对于自然环境的尊重和维护，已足以让人心悦诚服了。🍷

1

2

1. 自然动力法"教父"级人物尼可拉·裘立（Nicolas Joly），正在展示以特殊摄影手法所呈现的葡萄酒结晶体影像，由此可判断酒质的结构是否扎实。通常使用化肥过度的葡萄园所生产的酒质晶体往往没有中心结构，形状破碎不整；相反地，以自然动力法酿制的酒款，晶体形态完美和谐，通常风味充足，久存潜力十足。

2. 尼可拉·裘立是赛洪河坡酒庄（La Coulée de Serrant）庄主，为了省时省力，在制作自然动力法配方时，会以动力机代替人工进行搅拌。这款自制的动力机，看来颇像面粉搅拌机。

罗亚尔河自然动力醇酒
Coulée de Serrant

2006年春天，尼可拉·裘立（Nicolas Joly）对着60位法国农业学校的学生发表演说，教室后方有许多位该校的教授站立旁听。"你们认为'水'是什么？"裘立开门见山地这么问。一名学生怯生生地回答："水就是H_2O。""是吗，那甜点是什么？"裘立接着问，众人沉默不语。"难道侍者会将一堆面粉、两碟白糖、三颗鸡蛋端到你们面前，然后说，这是本店的招牌甜点，请慢用？难道你们生命中的挚爱只是分子构成物？"他接续着阐释："水是生命之源，滋润万物的甘泉。"

自然动力法的先行者

法国罗亚尔河流域（La Vallée de la Loire）以提倡"自然动力法"（法文为Biodynamie或L'Agriculture Bio-dynamique）闻名于世的酿酒师，同时也是赛洪河坡酒庄（Coulée de Serrant）庄主的尼可拉·裘立，正向学生们讲述自然动力法的神奇玄妙。而钻研化学分子构成领域的教授们，自然对这套在学校里避而不谈、近似巫术的农法戒慎恐惧。真正的原因之一是，教授们对这番天启般的言论同样一头雾水。

本庄位处安杰（Angers）城南的莎弗尼耶（Savennières）法定产区，其所生产的3款佳酿都是以白诗南（Chenin Blanc）单一品种酿成的。初阶酒款为村庄级莎弗尼耶，酒庄将之命名为"老酒园"（Les Vieux Clos，Clos是指有矮石墙围绕的葡萄园）。该庄坐拥5.5公顷的面

酒庄三杰，从左至右分别为老酒园（Les Vieux Clos）、赛洪河坡园（Clos de la Coulée de Serrant）及莎弗尼耶修士之岩（Savennières-Roche-aux-Moines, Clos de la Bergerie）。

积，平均年产量约为1.5万瓶。后两款由于来自同一产区较佳的区域，可以看成如勃艮第产区的特级葡萄园，因此有各自的法定产区名称，其一是"修士之岩"（Roche-aux-Moines），酒庄命其酒为"羊舍园"（Clos de la Bergerie），占地3.2公顷，年均产量约1万瓶。品质最顶尖的赛洪河坡园（Clos de la Coulée de Serrant），既是法定产区也是酒款名称，酒庄名称也由此而来。赛洪河坡园为本庄独占园，占地7公顷，年均产量为2万～2.5万瓶。

其实赛洪河坡园自1130年由西都教派修士耕作以来，一直是法国最拔尖的白酒园区。先有法王路易十一称其为"黄金美露"（La

Goutte d'Or）；之后太阳王路易十四也因独钟其美味而御驾亲访，然而因圣驾华丽的四轮马车误陷淤泥，前进不得，才作罢打道回府；20世纪30年代起闻名全法、有"美食王子"之称的美食评论家居诺斯基（Curnonsky, 1872—1956，本名为Maurice Edmond Sailland）还将此园美酒评为全法最佳五大白酒之一，与其并列的还有波尔多甜白酒伊肯堡（Château d'Yquem，酒庄名称）、勃艮第白酒蒙哈榭（Montrachet，特级葡萄园名称）、隆河流域白酒葛里耶堡（Château Grillet，酒庄名称）及侏罗区白酒夏隆堡（Château-Chalon，产区名称）。

赛洪河坡园酒质清透却扎实，细腻美馔作搭配极佳，俭朴原味的菜肴更能显出其不凡的包容与内涵。

白酒如猫

赛洪河坡园白酒酒质精湛，因风格特殊，初尝或感拘谨，或感细腻幽微，醒过酒后则显雄浑扎实，以花香、矿物质、干果、焦糖、焦油、蜂胶等繁复变化引人，也让人难以捉摸，因此一般人初次品饮恐难习惯，也因此其声名总是仅止于专业品酒圈，实属可惜。庄主建议，饮用本庄3款白酒时，都要用醒酒器醒酒多次。尤其赛洪河坡园更是潜力超绝，未经醒酒，怕难察觉其奥妙之处，建议饮用前一两天即将酒注入醒酒器，置于阴凉酒窖中，让其充分苏醒。饮用时酒温可比一般白酒略高，约14摄氏度最佳。

由于赛洪河坡园一向不主动迎人，因此有人形容其"白酒如猫"，偶尔以猫尾磨蹭讨人欢心，不一会儿又爱理不理封闭自顾。若要如此类比，那么"新世界"所酿制的木桶味浓厚的霞多丽（Chardonnay）品种白酒就像活蹦乱跳、黏人乱舔的博美狗了。赛洪河坡酒款在其强劲之外，还以清透见长，因清透而得以见细节，才识得其风骨。然而，这绝非部分美国老粗酒评人所能懂得之美物，因其不够香、不够浓、不够艳美或不够大块头，因此如潮佳评多涌自法国媒体，英国也多有好评，习于"博美霞多丽"的人，恐怕要多修养心性，再回来品它。

酒的风味来自清透性

由于此酒的清透性，我们得以赏识其"风土"（Terroir）特色。风土即风水，风生水起，天地之气若畅然流动无碍，必生酿酒佳果。然而20世纪50年代，除草剂和化肥联手扼

1

2

3

4

1. 赛洪河坡园地理位置绝佳，有千年不移的石墙围绕，右傍罗亚尔河，形成绝妙的微气候。

2. 荨麻是庄主调制"疗愈茶饮"的原料之一。当天气过旱时，在葡萄园里喷洒"荨麻疗愈茶饮"，可协助葡萄树正常生长。

3. 庄主养牛不为吃肉取奶，只为其反刍消化后的珍贵粪肥。

4. 后面的修士之岩堡（Le Château de la Roche-aux-Moines，建于18世纪末）是酒庄酿酒及办公室所在。

杀了生生之土，许多地块因此丧失地力，产区土壤衰颓垂死，所酿酒款也风味尽失。从此酒质羸弱，尤以制酒大厂为甚，补强之道就是用现代化酿酒科技在酿制厂里进行补足。葡萄园里汗滴禾下土可免，只消放个橡木块，添加些有助发展覆盆子、香蕉、菠萝等风味的人工酵母菌及人造风味，即可蒙混过关，反正一般消费者的味蕾早被食品工业所驯化。这就好比消费者习惯饮用超市的浓缩果汁，反倒认为新鲜榨汁淡而无味。幸亏有承袭鲁道夫·史坦勒自然动力法的尼可拉·裘立拨乱反正，以恢复大地之母的自体疗愈动力为方，以发展土壤的有机生命为法，让葡萄树健康生长，才又酿出品质佳、可陈年的真滋味酒款。

此农法有些具体可行、不难理解的做法，例如不使用除草剂，以人力或兽力翻土，葡萄树行列间以青草覆盖；禁用化肥，只用天然肥料（酒庄自制更佳）；手工采收；不加入人工酵母，只让葡萄皮上附着的天然酵母进行发酵，以保留原味；禁用"真空蒸发"或"逆渗透"等方式浓缩葡萄汁；不用商业贩卖的无性生殖系植株，只遴选原有园区的最佳葡萄树，以其为本培养新株，进行移植扩园，保持各葡萄树之间的基因多样性，促进葡萄酒风味的多样化；不加酸，不添糖；不作过度的黏合滤清和过滤，以免滤掉酒中风味。若能依据此法而行，当可酿出风味独特、无可比拟的"风土真酒"。

依天时农作

尼可拉·裘立表示，自然动力法中最让人难以理解之处，在于此农法是依天体星宿的运行而耕作。例如月盈时，月球对地球的引力增加，植物的树液会因此上升，使其生气勃勃，此时最适于种植及嫁接；月亏时，树液潜下至根部，此时最适于锄草、翻土，也最适于修枝、下肥。因此修剪果树要选月亏之际，以免月盈的引力使树液流泻，切口不易痊愈；而果实于月圆当下采收，则较不易腐败，且较易储放。

1. 庄主与爱犬合摄于葡萄园。园里不喷洒除草剂，让杂草徒长，如此有助葡萄树根深钻地底求养分，可提高葡萄酒的风味。

2. 酒庄采收即景。

3. 近千年前的西都教派修道院，目前是庄主一家人起居生活的住所。

饮用本庄美酿，最好先以醒酒器醒酒。本庄采收极熟、常沾染有贵腐霉的葡萄，因而酒质浓郁、酒色金黄。

这一切天体运行之道看来玄奇古怪，不过上溯中国古文化，先民们也一直抱持《吕氏春秋·审时篇》"凡农之道，候之为宝"的观念；以文字的构成来看，"农"字即奠基在"辰"之上。

裁立还带我参观了他饲养的牛群，这群牛的唯一工作就是吃下裁立所喂养的当地植物及谷蔬，其排泄物便是最符合当地风土的粪料，可谓名副其实的肥料制造机。他解释，牛粪比猪粪好，因为后者常捡食地面阴湿带秽之物，粪质不佳；而牛身型高大，有时还会嚼食花草及树枝嫩叶，这些都是阳光精华眷顾的佳料，以之转化成的粪肥自是首选；马的粪肥也佳，但其性情燥烈，只适于北方天寒的葡萄园，不适合南方。

临行前，裁立语意深长地转述法国前总统戴高乐（Charles de Gaulle, 1890—1970）的话："我有两位部长，一位万事皆知，无一通达；另一位无一知悉，却看透万事了然于心。"自然动力法原理深奥复杂，笔者资质驽钝，只能略懂皮毛，然而在清透明晰的酒液淌过舌间之际，却似乎领略到了一点什么。🍷

Coulée de Serrant

Château de la Roche aux Moines

49170 Savennières, France

Tel: +33 (02) 41 72 22 32

Fax: +33 (02) 41 72 28 68

Website: http://www.coulee-de-serrant.com

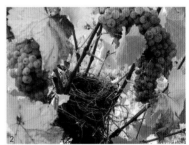

1. 成熟状态极佳的白诗南（Chenin Blanc）葡萄。酒庄为了选取最佳的葡萄，重复采收3~5次，每次仅采最高品质者。

2. 本庄葡萄园自1984年起全面实行自然动力法耕作，自然生态极佳，连鸟儿也在葡萄树间筑巢。

3. 本庄3款酒仅有赛洪河坡园以小比例的新橡木桶陈年，比例不到5%。

part **IV** 阿尔萨斯
Alsace

葡萄酒万花筒·阿尔萨斯

阿尔萨斯地区（Région d'Alsace）自古就是欧洲的交通枢纽，省会斯特拉斯堡（Strasbourg）正是欧洲议会、欧洲委员会及欧洲人权法庭的所在，是除了巴黎外，法国最重要的政治城市，其地理位置及历史文化兼容并蓄法德两国特色。盛产葡萄酒的阿尔萨斯在中国台湾饮酒人心中的位置，长久以来地处边陲，不像法国其他产区如波尔多或勃艮第那般出名。而在中国台湾可以找到的德国好酒如云，阿尔萨斯在两边夹击下，似乎还未获得本地消费者的认知及欢心。笔者在此介绍的阿尔萨斯品质最佳的三大名庄，都是权威评鉴《法国最佳葡萄酒》（Les Meilleurs Vins de France）2008年版本中评为最高三星等级的名庄。据此选酒，相信要让台湾人爱上阿尔萨斯的美酿是易如反掌的。

其实阿尔萨斯乃上天良赐的酿酒宝地，西有孚日山脉（Vosges Mountains）屏障，遮挡了来自西边的云雨湿气，使得该省成为全法最干燥的酿酒产区之一；中部葡萄酒重镇柯尔玛（Colmer）年平均雨量只有500毫米，加上大部分葡萄园都朝向东、南，夏季温暖，秋季干燥温和、阳光充足，如此气候条件下植树酿酒再理想不过了。

目前全球葡萄酒界影响力最大的美国酒评家罗伯特·帕克（Robert Parker, 1947— ）与阿尔萨斯之间其实有段重要的渊源。夸张点说，没有阿尔萨斯，或许就没有帕克这号人物。话说1967年圣诞节期间，帕克当时的女友，也就是目前与其结缡近40载的老婆派翠西

亚正在斯特拉斯堡大学学习。年轻的帕克在造访女友之际，定要趁机在美食之都斯特拉斯堡的餐厅用餐。惯常喝可口可乐的他，惊觉餐厅里的葡萄酒要价竟比美国可乐还便宜，于是决定点瓶酒来试。一试之下，结果天雷动地火，从前蛮荒未开的五感俱如承天甘露洗礼而茅塞顿开。曾被《洛杉矶时报》喻为"全宇宙最有影响力的酒评家"的帕克，如今已是金身锻成、酒界称王。

虽说是阿尔萨斯的白葡萄酒启发了帕克的灵感，但其酒评影响最大的还是法国的波尔多和隆河地区，也就是形态浓郁、丹宁厚重的红酒类型。至于主产白葡萄酒的阿尔萨斯酒评，读者倒可多方参考其他杂志、专著，或法国评论家的意见。

3个法定产区等级·8种葡萄品种

阿尔萨斯的法定产区分级制度（AOC）相对来说较为简单，只分一般等级的"阿尔萨斯葡萄酒"（Vin d'Alsace），占全区产量的76%；其次是最高等级的"阿尔萨斯特级葡萄酒"（Vin d'Alsace Grand Cru），仅占全区产量的4%；最后才是"阿尔萨斯气泡酒"（Crémant d'Alsace），愈来愈受欢迎，目前占总产量的20%。

本区主要葡萄品种有8种，前4种被称为"高贵品种"，即雷司令（Riesling）、灰皮诺（Pinot Gris）、琼瑶浆（Gewürztraminer）及麝香（Muscat）；此外还有白皮诺（Pinot

阿尔萨斯著名的库格洛夫（Kougloff）奶油蛋糕，清爽不腻口，以琼瑶浆晚摘甜酒作搭配，极为契合。

Blanc）、西万尼（Sylvaner）、夏思拉（Chasselas）及黑皮诺（Pinot Noir）。前7种为白葡萄，最后一种为黑葡萄。除了上述8个品种外，本区也种有霞多丽（Chardonnay）白葡萄，但只允许用来酿制气泡酒。依照法规规定，本区的特级葡萄园只能种植"高贵品种"。而在台湾地区最常见的酒款则采用前3个品种，即雷司令、灰皮诺及琼瑶浆酿成，由于它们个性鲜明，因此能酿出最优质的酒款，美国酒评分数通常较高，台湾地区酒商也乐于引进。依据帕克的分数进口葡萄酒，酒商可省去教育消费者的工夫，何乐而不为？只是这么一来，便失去了品尝其他易于亲近、价廉而清新适口的品种酒款的机会，实在可惜。

雷司令口感清新，带有花香、橙橘、矿石的冷冽香氛，结构骨感坚实，酸度明显而雅致，适合搭配鱼鲜料理（若是雷司令优质老酒，则可以搭配香料强、酱汁重的菜肴）；灰皮诺酒色深，常呈金黄色泽，口感圆厚丰沛稠密，具有熟果香，如糖渍洋梨气味，适合搭配鹅鸭肥肝、奶油酱汁龙虾或干贝等；琼瑶浆具有甜馨香料调性，如肉桂、豆蔻，也有经典荔枝香、鲜玫瑰花香（老酒则呈干燥玫瑰香），可搭配肥鹅肝、蓝莓奶酪或亚洲香料丰盛的菜式。

本区另有两种特殊酒款，即晚摘酒（Vendanges Tardives，简称VT）及贵腐葡萄精选酒（Sélections de Grains Nobles，简称SGN）。前者由极度成熟的葡萄压汁酿成，因此常为甜酒（不同酒庄的晚摘酒，酒里剩余的糖分不一，故甜度会有些许差别）；后者则是甜度、酸度、浓郁度、酒质复杂度、稀罕度都更高一级的酒款，量少价昂。阿尔萨斯秋季日夜温差大。早晨靠山的葡萄园常起浓雾，霉菌因此散布在葡萄皮上，其菌丝如螺丝起子，在葡萄皮上钻出不可胜数、肉眼难以察觉的毛细孔。午后日照充沛，干燥微风徐徐，将葡萄里的水分蒸发，因此浓缩了糖分、酸度及风味，造就了阿尔萨斯贵腐甜酒的传奇。

以下介绍的3家阿尔萨斯最优质的酒庄都是值得爱酒人前往朝拜的宝殿。不似波尔多或勃艮第产区，阿尔萨斯名庄的人员显得随和亲切得多，即使是非专业人士，也可以预约试酒。阿尔萨斯热情待客的传统依旧，谁说寒冷地区人情冷漠？只是淡泊而已。阿尔萨斯3个法定产区及8种主要葡萄品种，再加上两种特殊甜酒，拼凑出五花八门、令人眼花缭乱的葡萄酒地图，其搭配餐点的广度，就单一产区而言，真是前所未见，爱酒人怎能错过？🍷

1. 阿尔萨斯传统木条屋舍，颜色多彩犹如童话故事。
2. 阿尔萨斯某家酒庄的铁质悬招。葡萄、酒农、镰刀及蜗牛，极具地方色彩。

三女当家
Domaine Weinbach

首先介绍的温巴赫酒庄（Domaine Weinbach），其酒质大约是阿尔萨斯酒里最细腻精巧者。该酒庄1612年由卡布桑修道院的一群修士（Moines Capucins）所建立。酒庄建筑物的前身是一座修道院，因庄前有条秀美的小溪潺潺流过，故命名为"Weinbach"，也就是阿尔萨斯方言里"葡萄酒溪"之意。1898年法勒两兄弟买下本庄，后来又将庄园留给子嗣传人提奥·法勒（Théo Faller）。1979年提奥·法勒去世，庄务便交由其妻可列特·法勒（Colette Faller）及两个女儿凯瑟琳（Catherine）、罗宏丝（Laurence）统筹。目前可列特女士主要负责接待来宾品酒，凯瑟琳负责公关、行政和出口事宜，而酿酒之重责大任，则交由小女儿罗宏丝担纲。

罗宏丝曾在法国西南部的大城市图卢兹（Toulouse）研读化学工程，之后进修酿酒学。她的外形虽然高大，但说起话来却轻声细语，让听者犹如坐在葡萄酒溪旁聆听流水悠悠般神清气爽。1998年她毅然决定试行自然动力法，并于2005年起全面施行此农作法，将本庄酒款的品质提升到更高的境界。

自然动力法主张依历法施行操作，这其实是传承自祖宗八代的古老智慧，老奶奶的园圃就是依循这套顺天应时的法则种菜的。罗宏丝在5～7月间，会泡制植物疗饮（Tisane）浇洒在葡萄园里，例如"荨麻植物饮"可抗粉孢菌，"木贼植物饮"可挡霜霉病，如此不需喷洒化学药剂便能击退病霉虫害。不用除草剂，而以机械或人工翻土；无化肥，只用撷取自动

本庄酿酒师罗宏丝·法勒（Laurence Faller）。

植物的混合天然肥料。冬季时，就像许多自然动力法的信徒一样，她会以牛粪和牛角制作"配方500"，增进土壤里动植物生态体系的和谐发展，让葡萄树的根部易于深扎入土，增强葡萄树的体质，进而将风土的复杂风味转化到葡萄酒里。自然动力法真能大幅提升酒质吗？罗宏丝表示，目前或许还欠缺来自科学界千锤百炼的实验统计证据，然而施行成功的案例愈多，就愈让人难以否认其神奇功效。

在热死千余名法国人的2003年，50年来罕见的热浪大旱使葡萄熟度过高，许多酒庄的

酒款因此肥厚软绵，缺乏骨干及酸度平衡，口感疲软而令人生厌。但因罗宏丝致力推行自然动力法，葡萄树扎根较深，可吸收地下稀有水源，较能抵御干旱，以其果实酿制的酒款，像是拥有自主生命，能自然找到应有的均衡感。酒质一旦均衡，细节就不难显现了。

新购特级园：马康（Marckrain）

在酒村凯塞斯堡（Kayserberg）附近，四周有石墙围绕的酒庄便是卡布桑园（Le Clos des Capucins）。由于此园位处平地，所以当时并未被列入特级园（Grand Cru），然而自9世纪起，卡布桑修士即在此开始种植葡萄树酿酒，是阿尔萨斯历史悠久的名园之一。就像勃艮第，只要是由教会围地酿酒的地块，品质就有一定水准。自此园及酒庄向外眺望，可远眺位于半山腰、本地最出色的几个特级葡萄园，例如以酿制优雅、富浓郁花香的雷司令白酒闻名于世的史洛斯堡特级园（Grand Cru Schlossberg），以及适合种植琼瑶浆的富斯东顿特级园（Grand Cru Furstentum）。

几年前，酒庄买下已种有琼瑶浆品种的马康特级园（Grand Cru Marckrain），并于2005年推出第一款琼瑶浆特级白酒，口感轻柔优雅，具有明显的香料风味。谁料，2008年底温巴赫酒庄竟将琼瑶浆葡萄树全部拔除，全面改植灰皮诺品种，理由是本庄虽然生产多款灰皮诺白酒，却没有一款来自特级葡萄园，因此决定出此大破大立之策。虽然马康特级园的地理环境确实适合种植灰皮诺，但这些成熟的琼瑶浆葡萄树就这样白白牺牲了，实在可惜。近年

2

1

1. 酒款由左至右：Riesling Grand Cru Schlossberg, Cuvée Sainte Catherine（L'inédit）、Gewürztraminer Altenbourg Sélections de Grains Nobles、Gewürztraminer Grand Cru Furstentum, Vendanges Tardives。

2. 史洛斯堡特级葡萄园（Grand Cru Schlossberg）一景。

1

2

3

4

1. 本庄使用老的大型橡木桶进行发酵及熟成。自罗宏丝·法勒接手酿酒师以后，15年来未曾买进其他木桶，因为适合本庄的老木桶不易寻得，若有破损，便加以修缮。而延续老木桶生命的最好方式便是酿酒，以发酵维持木桶的湿润度，避免空桶招致怪味入侵。

2. 温巴赫酒庄（Domaine Weinbach）也以不同的水果和葡萄渣蒸馏成"生命之水"烈酒。笔者以为，以琼瑶浆葡萄渣进行蒸馏的Marc d'Alsace表现最好。

3. 此为Gewürztraminer Grand Cru Marckrain，2005年为其首产年份。

4. 2004 Riesling Grand Cru Schlossberg, Sélections de Grains Nobles的余韵可长达2分钟。

来，灰皮诺酒款在市面上愈来愈受欢迎，种植面积也逐渐扩大，又因灰皮诺非常适于酿制晚摘及贵腐甜酒，所以常获美国酒评家的好评，以致有些台湾地区进口商几乎仅进口灰皮诺甜酒。尽管笔者也是灰皮诺的爱好者，但是少了其他品种酒款的选项，依然深感遗憾。

高气压封存香氛

本庄的葡萄酒装瓶时机都须顺应天时。据罗宏丝表示，装瓶最好在高气压的天候下进行，如此才能将香氛的原始样貌保存于瓶中。然而如果酒的体质在此时并不均衡，或香气滞塞，那么此时装瓶会将香气不畅、酒质不健的缺陷一并封存。

相反地，笔者还记得"国父纪念馆"附近饮茶名店"相思李舍"的李老板，有一天在泡咖啡之际，看看窗外"云脚长了毛"，正是台风前夕低气压、风云变色之发端，他随口道："你来的时机正好，今天外面气压低，香气易于逸散，咖啡肯定飘香好饮！"

也就是，台风作乱时，休假之好日，品酒之吉时！ 🍷

Domaine Weinbach
25, Route du Vin,
68240 Kaysersberg, France
Tel: +33 (03) 89 47 13 21
Fax: +33 (03) 89 47 38 18
E-mail: contact@domaineweinbach.com
Website: http://www.domaineweinbach.com/en/index.htm

1. 此为琼瑶浆（Gewürztraminer）葡萄，表皮呈粉红色泽；葡萄串下方可见几颗葡萄因贵腐霉侵蚀而干缩成葡萄干的样态。

2. 酒庄在位于Kientsheim酒村的Altenbourg葡萄园种有琼瑶浆及灰皮诺葡萄，虽非特级园，但酒款品质极佳。

3. 酒庄的鸟瞰图，左右两边有石墙围绕的园区，即为卡布桑园（Clos des Capucins）；酒庄前方有条小溪流经。

W of Pinot Noir是温巴赫酒庄的黑皮诺红酒。本庄有位来自勃艮第的男性酿酒师，专门负责酿制此酒款，部分使用阿尔萨斯较少使用的小型橡木桶进行陈年，品质颇佳。

风土为姓·品种为名
Domaine Zind-Humbrecht

自1618年开始的三十年战争以来，温贝希特（Humbrecht）家族便是父子一脉相传的葡萄农世家。直到1959年，李奥纳·温贝希特（Léonard Humbrecht）将邻村同属葡萄农家族的珍娜薇耶·辛德（Genevière Zind）迎娶入门，合并两家的葡萄园地后，才以夫妻联名，建立起如今名震寰宇的辛·温贝希特酒庄（Domaine Zind-Humbrecht）。老庄主李奥纳已逐渐退居幕后，少庄主欧立维耶（Olivier）承继父业，将酒质及酒庄的声誉提升到前所未有的境界。

李奥纳·温贝希特年轻时曾在勃艮第学习酿酒，因此唤起过去阿尔萨斯"师法自然"的酿酒精神。此精神曾一度偏废，如今才逐渐

回到正轨。李奥纳誓言以"风土为姓·品种为名"的精神酿酒，葡萄品种即使有万般风情，也脱离不了风土环境的基因印记，若是违背风土，那么所酿酒款即使是好喝的"科技酒款"，或迎合全球化品味口感而风行于世的酒款，都少了风格独具的精神，如同未标注出处（风土）的投机者，形同"拷贝及贴上"复制文化的廉价增生。

少庄主欧立维耶·温贝希特原是一名农业科学家，对现代酿酒学熟稔得炉火纯青。1997年，他决定自废科学武功，实验性地在部分葡萄园以自然动力法施行耕作。因观察到此农作法效果不同凡响，因此于次年实行100%自然动力法。此后对于宇宙生物的运行规则及相互影响，欧立维耶自有一套与实证科学截然不同的看法，甚至超脱科学家的眼界。他认为，防治葡萄园虫害的顾问技师，只知道下药除症一时，却不知其所以然，因此污染了生态系统。

他进一步解释，葡萄树这种藤蔓植物性属"水星"，藤蔓牵连甚广，低爬、亲水、性急、枝叶丛发，若葡萄农未予以剪枝限制其发展，那么葡萄树就会只长枝叶而不结果；反之，像是樱桃树的本质即开花结果，春分时刻，樱桃树在冒绿芽前即已樱花满树。然而为

酒款由左至右分别为：Riesling Grand Cru Clos Saint Urbain、Riesling Clos Häuserer（独占园）及Riesling Heimbourg。为了解决阿尔萨斯白酒甜度不一的问题，除了晚摘及贵腐酒本身是甜酒外，其他"不甜"的酒款都会在酒标上以小字标示"甜度指数"（Indice），从1到5不等，指数5最甜。以2004 Riesling Heimbourg为例，其指数便是Indice：2（此为真实品尝的甜度感觉，而非以余糖量作评量标准）。

1

2

3

4

1. 酒窖员工正在测量新酒的发酵情形，即酒精度已达多少度、还有多少余糖等。

2. 阿尔萨斯酸菜猪脚（La Choucroute）与不甜的雷司令白酒搭配相当得宜。其实可与La Choucroute搭配的不仅包括猪脚，还包括各式香肠、腌肉及马铃薯。

3. 酒庄在Clos Windsbuhl也酿造优质的雷司令，以2004 Riesling Clos Windsbuhl为例，其口感优雅多变，尤以莱姆、柠檬清香诱人。

4. 少庄主欧立维耶已实际掌握酒厂的全部运作，他是法国唯一拥有"葡萄酒大师"（Master of Wine，MW）资格的人。

何葡萄树会遭霜霉病侵袭？因为葡萄树虽然性属"水星"，但若种在水分过多的阴湿处，或种在风雨不调、降雨过多的地方，葡萄树将会自觉体内水分郁积过盛，无处排解，而释放信息给霜霉病菌："快来吸吮这里的丰盈多汁！"于是病菌上身，葡萄果叶中蛊，最后果实表面呈黑瘪状，如同咖啡豆被焰火焙烤过一般。这是因为葡萄树须以旺火去除积水，以水火相克为药方。以上是以自然动力法诠释霜霉病菌侵袭的缘由，科学家听了往往一笑置之。

对抗霜霉病的侵袭，是不是非得喷药不可？其实不然。自然动力法提供了无污染的药方：取叶有锯形、茎带刺、性躁易裂的"火性植物"，例如荨麻、木贼，可泡成植物饮，喷洒葡萄树，赋予其火旺热性，以消湿疾。难怪果粒红艳、外壳糙脆的荔枝被归为"上火"果品，一般体质寒虚者可多食，虚火过剩者少食为宜。

欧立维耶也主动替自然动力法的效果进行说明："即使无法举证科学上的因果关系，但在实行自然动力法后，葡萄树的根扎得更深，土壤里的有机物也会成倍增加，与先前仅施行有机农法的情况相比，这些数据都有明显的增加！这可是我亲眼所见，一点也不假！"他还补充道："我可是学科学出身的！"

软木塞的坚决拥护者

聊到以金属旋盖替代软木塞封瓶的看法，欧立维耶坚决反对现阶段使用旋盖，他曾询问供货商："再过30年，若有人饮用以金属旋盖封瓶的葡萄酒而致癌，您必须付全部赔偿责任，您敢签这个约吗？"供货商自然不敢。他继续分析："从前的人说，以硅胶填乳绝对安

由左至右：Pinot Gris Vieille Vigne（老藤）、Gewürztraminer Herrenweg de Turckheim。

全，现在却说会致癌；我们还无法确定葡萄酒里的酸度和糖分在与金属旋盖接触30年后，究竟会发生怎样的化学变化。更何况传统软木塞令人诟病的TCA细菌感染所造成的软木塞带异味、感染葡萄酒等问题，将来定能获得解决，新近发明的一种高压喷雾法可完全去除TCA感染的疑虑。"

"金属旋盖其实相当脆弱，一不小心撞到，就会出现细小凹处，肉眼无法察觉，但其实已非完全密闭。如此一来，10年后酒的氧化就不可避免。"当然，这番考虑是针对名庄具储存潜力的酒款。一般旋盖的酒款须在七八年内饮毕，毋庸担心致癌、材质脆弱等后遗症。具人文素养、关怀环保的欧立维耶还说："根

1

2

3

1. 本庄独家拥有的圣乌班园（Clos Saint Urbain）冬景。

2. 前景为Herrenweg葡萄园，后方则是酒庄办公室及酿酒窖。

3. 圣乌班园夏景，坡度最斜处可达68度，属火山岩的贫瘠土壤。

据最新文献记载，生产一个金属旋盖所产生的二氧化碳排放量远远超过软木塞，是其12倍！况且软木塞还可被分解，但旋盖却会变成永远的垃圾！"

欧立维耶是第一位，也是目前唯一取得英国所颁发的"葡萄酒大师"（Master of Wine, MW）资格的法国人。这项资格极难取得，全球只有277位。年轻时的欧立维耶在伦敦服替代役期间，凭着其农业专长，服务于伦敦的法国食品协会（SOPEXA），因缘际会下，结识了拥有MW资格的好友立兹·贝瑞（Liz Berry），在贝瑞夫妇的鼓励下，他参加了首度开放给外国人参加的MW考试，初考通过后，再经3年漫长苦读和论文写作，终于取得最后资格。

专访身高195厘米的欧立维耶，我无法站得再靠近些，否则两小时下来，颈部铁定酸疼无法消受。他大概是酿酒界最鹤立鸡群的奇葩！他令人景仰的当然不只是身长，其酿酒哲学及技巧，还有博学多闻、亲和力十足的风范，才真的让人仰之弥高。

※目前软木塞制造商Amorim公司的ROSA（Rate of Optimal Steam Application）新技术，已可使用高压蒸汽的方法除去软木塞的三氯苯甲醚（TCA）感染。人类对于TCA的感知门槛始于每升4毫克，该公司宣称经过ROSA系统处理后，人类感官已无法察觉。事实上，许多知名大厂都已经研发出类似技术，然而问题还存在于使用旧标准的软木塞小厂。

Domaine Zind-Humbrecht
4, route de Colmar,
68230 Turckheim, France
Tel: +33 (03) 89 27 02 05
Fax: +33 (03) 89 27 22 58

白衣长者为老庄主李奥纳·温贝希特（Léonard Humbrecht），摄于Grand Cru Brand特级园。

前景为Riesling Gueberschwihr。

风土极限主义者
Domaine Marcel Deiss

1744年，在高马市（Colmar）北边不远的酿酒村庄贝格汉（Bergheim），戴斯（Deiss）家族已是葡萄农世家。19世纪末，阿尔萨斯葡萄园受到根瘤芽虫病的侵袭，当时统治本地的德国人"除恶务尽"，未效法法国其他产区将葡萄树嫁接在不怕病害的美洲种葡萄树根上，反倒下令全面铲除病树，一夕之间阿尔萨斯葡萄树便失去了踪迹。在消毒土地、改种、等待葡萄树苗壮之际，戴斯家族也暂时歇工，放弃了葡萄农务。

第一次世界大战时，18岁的马歇尔·戴斯（Marcel Deiss）从军报国，直到第二次世界大战结束才解甲归田，重整农地和房舍。

他和儿子安德烈·戴斯（André Deiss）建立了马歇尔·戴斯酒庄（Domaine Marcel Deiss），当时只酿两款酒，一红一白：红酒是由来自Burlenberg地块的黑皮诺葡萄所酿成，白酒的葡萄原料则来自Engelgarten葡萄园。这些酒款主要是为了提供马歇尔的妻子经营餐厅所需。

20世纪70年代初，第二代庄主安德烈突然病逝，全庄运作重任落到当时20岁出头的让－米歇尔·戴斯（Jean-Michel Deiss）身上。或许因为父亲骤逝，少了父执辈的耳提面命，以及来自外界对两代间进行比较的压力，因此他拥有全然的自由。让－米歇尔因命运使然，再依其亲身体验，逐步营造出马歇尔·戴斯酒庄今日的独特面貌及地位。

敏感体质造就的佳酿

让－米歇尔年轻时就像大多数的酿酒师一样，也曾接受正统的酿酒学训练，还曾在阿尔萨斯另一知名酒庄Domaine Hugel et Fils实习过。他在20世纪70年代已酿出人人称羡的优质酒品，一名《世界报》（Le Monde）记者不仅大加赞誉，还鼓励他继续如法炮制。但这些靠氮肥、钾肥、氨肥补强的土地所酿出的葡萄酒，却让体质敏感的让－米歇尔胃肠极不舒畅，尤其胰脏更是疼痛不堪。这时他才惊觉，学校所教所学其实问题重重。若将酿酒学校的制式训练喻为一座象牙塔，那么让－米歇尔的所作所为就在解构整座象牙塔，使其成为一块块散落的砖石，然后再重组，拼凑成理想的模型。

被外界视为怪才的庄主让－米歇尔·戴斯（Jean-Michel Deiss）。

1. 酒庄大型橡木桶，用来发酵及陈年葡萄酒。酿酒时，庄主强调不应过度澄清酒液，否则酵母菌的营养过少，发酵不易；此时若再听从一般酿酒顾问的建议，购买人工培养的酵母以助发酵，酒的风土特性便会大大削弱。

2. 由左至右分别为：Grand Cru Mambourg、Grand Cru Schoenen-bourg及Grand Cru Altenberg de Bergheim，储存潜力佳，以多种阿尔萨斯葡萄品种混酿而成，是本庄的经典"三剑客"。

3. 左为Gruenspiel（以雷司令、黑皮诺及琼瑶浆混酿而成），右为Huebuhl酒款（全由皮诺家族葡萄加上麝香品种混酿而成）。

4. Engelgarten酒款是以雷司令、灰皮诺、麝香及黑皮诺4个品种混酿而成的。

于是他舍弃了化肥。化肥增壮的葡萄树虽然叶绿繁茂，却酿不出极品好酒。常施化肥的葡萄树因养分及水分容易取得，不再致力向地底扎根汲取养分，只是横向长出分布在土壤浅层的葡萄根，因此难以酿出风土特色显著的酒款。何况即使让－米歇尔拿起十字镐，勤于斩断表面恶根，但葡萄树致力蔓延生长的特性让"断根"成了不可能的任务。解决方法是提高每公顷的种植密度，让葡萄树之间彼此竞争养分，引导树根向下生长。目前本庄葡萄园的平均种植密度为每公顷8000～12000株葡萄树，这在本区相当罕见，已达到勃艮第红酒之王罗曼尼－康帝园（La Romanée-Conti），或波尔多优秀列级酒庄的水准；这在白葡萄的种植上，尤其罕见。

继之觉醒的做法还包括：不添加人工酵母、不加糖、不添酸或去酸；不控制发酵温度

Grasberg酒款以雷司令、灰皮诺及琼瑶浆混酿而成，搭配"炒臭仙"（炒臭豆腐丝），酒里生出熟透洋梨香气，颇有意思。

及发酵时间；尽量不干预酒的熟成演化；几乎不过滤及澄清……如此反现代酿酒学的"逆向做法"难道不会有风险？风险无处不在，但让－米歇尔说："无风险，奢谈自由；无自由，何谈创造！"他所谓的创造，在我想来，就是开创一条标准化酿酒学以外的道路，而创造方式则奠基在自然动力法之上。"是病痛的胰脏导引我走向自然动力法之途。"

相较前两个酒庄到了20世纪90年代末才开始施行自然动力法，让－米歇尔早在20世纪80年代初即每日实作亲为，以亲身体验为前提，摸索出一套近似自然动力法的耕作方式。实践先于理论，在阿尔萨斯产区里，他才是此农作法的大师级人物，与罗亚尔河流域的自然动力法宗师尼可拉·裘立（Nicolas Joly）属于同一时期的启蒙先师，只是后者勤于奔走著述教学。问让－米歇尔何时会有著作问世，他只回道："人在50岁之前，是写不出什么真正传世经典的。"换句话说，还要再等几年他的著述才会问世。

高贵的混合

曾有酒客向让－米歇尔抱怨，他的Riesling Burg风味绝佳，但尝来却丝毫不像雷司令白酒，因而怀疑他要骗术。这当然冤枉他了，但他从此发现，以自然动力法耕作的葡萄园，若葡萄成熟度佳，那么其风土表现绝对会压过品种表现。1993年起，他不再于酒标上标注品种名称（最初阶酒款及其他少数酒款除外），这么做不是怕客人抱怨，而是尊重风土应有的表现（就像勃艮第酒款并不标示品种，仅标示地块一样）。他也开始在较佳的葡萄园，尤其是特级葡萄园，混合种植多种阿尔萨斯葡萄品

1. Altenberg de Bergheim特级园的混合种植。前景为黑皮诺葡萄，后者为雷司令及灰皮诺等品种，三者同时采收，一起发酵酿酒。

2. Schoenenbourg特级园的土壤含有硫化物丰富的石膏质，葡萄生长其上，其酒酿不须掺入任何二氧化硫，储存潜力极佳。

3. 山坡中段为Altenberg de Bergheim特级葡萄园，常会出现贵腐葡萄，可增添酒质的复杂度。

种，然后同时采收，同时发酵，酿制成"品种混酿酒"。这与目前波尔多分别酿制单一品种然后再混调的"互补"哲学有所不同，让－米歇尔希望以风土为本质，尽量增加酒款的风味。

上述做法与本产区一般以单一品种酿酒，并在酒标上标注葡萄品种的做法相违，让－米歇尔因此被视为异端，但他表示，此农法其实只是向19世纪的传统致敬。虽然目前还有其他酒庄少量酿制传统的"高贵的混合"（Edelzwicker，以阿尔萨斯4种高贵品种混酿成的酒款），然而自20世纪70年代起，由于阿尔萨斯开始流行强调单一品种的风潮，因此许多酒农都悄悄将高贵的品种从"高贵的混合"中撤离，转而酿造单一品种酒款，加上农药化肥使用盛行，这项传统早已蒙尘，绝大多数"高贵的混合"不再高贵，只是清淡易饮、不值得议论的日常饮料。要窥探昔日"高贵的混合"的真貌，唯有马歇尔·戴斯酒庄而已。

对让－米歇尔而言，只要种植功夫下得深，风土便能主宰一切，品种会退位成为配角，年份也仅是点缀，因为风土每年都会将特色反映在酒款里。若结果并非如此，那是因为酿酒人渎职怠惰。

第51个特级地块 Kaefferkopf

让－米歇尔表示，目前有关当局正在酝酿新的阿尔萨斯葡萄园分级制，有可能将"一级葡萄园"（Premier Cru）列为介于一般级与特级葡萄园之间的等级；马歇尔·戴斯酒庄便有好几块可能被列为一级园的地块，如Grasberg、Engelgarten、Rotenberg、Schoffweg等共8块。

阿尔萨斯拥有等同美国州数目的50个特级葡萄园，2007年又晋升了第51个，Grand Cru Kaefferkopf因此一跃成为本区的新星。阿尔萨斯产区如今依旧生气蓬勃，在可预见的未来，不是没有机会重新赢回中世纪时欧洲最佳酒区的美誉。🍷

Domaine Marcel Deiss
15 route du Vin,
68750 Bergheim, France
Tel: +33 (03) 89 73 63 37
Fax: +33 (03) 89 73 32 67
Website: http://www.marceldeiss.com

1. Grand Cru Schoenenbourg葡萄园的情景。
2. 让－米歇尔·戴斯正在对Burlenberg酒款的黑皮诺葡萄进行踩皮，以萃取丹宁、色素及风味。

part V 勃艮第
Bourgogne

勃艮第星光帮

《品醇客》（Decanter）杂志国际中文版于2008年6月号刊出英国权威酒评家克来夫·柯耶特（Clive Coates, 1941—　）的文章，标题为《Burgundy's New Superstars》，中文标题则俏皮贴切地译为《勃艮第星光帮》。柯耶特于1997年出版巨著《金丘》（Côte d'Or）时，即以星星标示其对酒庄的总评，除了"无星等级"外，"授星等级"分成三等：一星、二星和最高等级的三星名庄。2008年柯耶特再版该书，书名改为《勃艮第葡萄酒》（The Wines of Burgundy），除了内容更新〔加入夏布利（Chablis）产区，却牺牲了各家酒庄的详细描述〕之外，还重新评定酒庄的新近表现，并重授星级。

本章将介绍《勃艮第葡萄酒》榜上知名的4家三星名庄，其中罗曼尼—康帝庄园（Domaine de la Romanée-Conti）、乐华庄园（Domaine Leroy）及阿蒙·卢梭庄园（Domaine Armand Rousseau）都是《金丘》时期就已晋升三星者；而柏诺·杜·马特莱庄园（Domaine Bonneau du Martray）则是此次上榜的新三星（柯耶特在杂志上提到，《金丘》当年给柏诺·杜·马特莱庄园二星评等，但经笔者查证，当时只给了一星）。

法国知名葡萄酒年鉴《法国最佳葡萄酒》（Les Meilleures Vins de France）也同样以三个星级来评鉴酒庄，且行之有年。接下来介绍的四庄，都是《勃艮第葡萄酒》及《法国最佳葡萄酒》交集选出的三星顶级名庄，因此称其为"勃艮第星光帮"，可谓实至名归。

Domaine de la Romanée-Conti酒庄原装木箱。

超凡入圣
Domaine de la Romanée-Conti

若称法国勃艮第红酒罗曼尼－康帝（La Romanée-Conti）为"寰宇红葡萄酒之王"，包括专业酒评人、收藏家，乃至一般爱酒人，应该都无异议地赞同。法国桦榭（Hachette）出版社于1994年推出《酒中的黄金：世界百大葡萄名酒》（L'Or du Vin：Les 100 Vins les Plus Prestigieux du Monde），由3位法国酒界专家严选世界百大葡萄酒精英出列，其中最高级数"超凡入圣"（Premiers Exceptionnels）的酒款有二，一红一白，分别为红酒罗曼尼－康帝，以及德国伊贡·米勒酒庄（Weingut Egon Müller-Scharzhof）所酿的TBA等级贵腐甜白酒。后者由于数量极少，年产至多300瓶，因此售价甚至超越罗曼尼－康帝。然而若将庄园的酿酒史和声名远扬评估在内，那么自1959年起才开始生产的伊贡·米勒TBA贵腐酒，地位显然黯淡许多。姑且不论红白之别，曾是王室禁脔珍酿的罗曼尼－康帝，平均年产6000瓶左右，两相比较之下，"酒王"之姿锐不可当。

罗曼尼－康帝特级葡萄园位于沃恩－罗曼尼（Vosne-Romanée）酒村，由同名的罗曼尼－康帝庄园（Domaine de la Romanée-Conti）负责精酿。本庄以6款特级葡萄园（Grand Cru）红酒及一款特级葡萄园白酒蒙哈榭（Montrachet，本庄拥地0.67公顷）享誉全球，令识酒人闻名顶礼膜拜。以葡萄园命名的6款红酒，依酒价高低分别是罗曼尼－康帝（La Romanée-Conti，为独占园Monopole，共有1.85公顷）、塔须（La Tâche，独占园，共有6.06公顷）、丽须布尔（Richebourg，拥

罗曼尼－康帝（La Romanée-Conti）园前地标十字架，常有酒迷来此朝圣。

地3.51公顷）、罗曼尼－圣维望（Romanée-Saint-Vivant，拥地5.28公顷）、大埃雪索（Grands-Echézeaux，拥地3.52公顷）、埃雪索（Echézeaux，拥地4.67公顷），款款杰出，自成典范。其中被称为"勃艮第之珠"的罗曼尼－康帝自然是各园之首，为爱酒人毕生追寻的珍酿。

康帝公爵赐名

12世纪起，占地不到2公顷的罗曼尼－康帝即已跻身名园之林，在教会辖下的几百年当中，多酿酒自用，若非神职人员，并无缘窥探天赐美露之神妙。1760年此园公开外售之际，两位竞标者的身世显赫慑人，一为法王路易十五的情妇庞芭杜夫人（Madame de Pompadour, 1721—1764），一为路易十五的皇亲波旁王朝的支系康帝公爵（Louis-François de Bourbon Conti, 1717—1776）。公爵本身即为

爱酒人，对酒庄地块的风土特性了如指掌，于是以高于市价数倍的天价拍下此园，之后将当时名为La Romanée的葡萄园冠上公爵头衔，成为传世名园"罗曼尼－康帝"（La Romanée-Conti）。

"蛇蝎美人"之名史例可证。庞芭杜夫人年轻艳丽、绝代风华，极受路易十五的宠幸，由于妒恨康帝公爵，于是离间其与皇帝的关系。公爵愤而离开皇室，自此沉浸在酒庄之中。然而他毕竟是皇族引退，日子过得并不落寞，每周一定期于自宅举行欢宴，召邀卢梭（Jean-Jacques Rousseau, 1712—1778）等文学家同桌宴饮，谈文弄艺，甚至请来神童莫扎特（Wolfgang Amadeus Mozart, 1756—1791）演奏。罗曼尼－康帝红酒当然是盛宴的要角，且因为是公爵禁脔，市面上无法购得，因此更增添其神秘色彩。而当时不属公爵所有的塔须园酒款仍可购得，于是成为众人竞逐、最受敬重的勃艮第佳酿。

1869年勃艮第金丘地区参议员，同时也是酒商的杜沃·布罗雪（Jacque-Marie Duvault-Blochet）购下罗曼尼－康帝，加上其原先拥有的丽须布尔、大埃雪素、埃雪素等葡萄园，遂构成接近今日面貌的庄园。1942年参议员后代德·维廉（De Villaine）家族和刚入股的乐华（Leroy）家族开始共同经营罗曼尼－康帝庄园（简称DRC），两个家族各拥有50%的股权。现任经营者为德·维廉家族的欧柏·德·维廉（Aubert de Villaine）及乐华家族指派的霍克（Henri-Frédéric Roch）。

1991年之前，乐华家族派任的共同经营者是酒界名人、有"铁娘子"称号的拉鲁女士（Lalou Bize-Leroy，酒界简称为Lalou）。但拉鲁与欧柏·德·维廉个性相左，作风迥异，后者温文儒雅，拉鲁则个性强悍，以致两人时有摩擦，一山难容二虎。1990年传出拉鲁借罗曼尼－康帝庄园的销售渠道推销自有乐华庄园及酒商事业的酒款，涉嫌利益冲突，因此导致经营内讧，两大家族决议派任拉鲁的侄子霍克取代拉鲁，成为新任共同经营者。当时霍克年纪还轻，全庄大小决策都由德·维廉裁定，一般认定他才是罗曼尼－康帝庄园的庄主。德·维廉事必躬亲，办公室、酿酒窖、葡萄园都看得到他治军严谨的身影，也因经营方向跟过往一致，因此酒庄酒质已攀升到史无前例的巅峰状态。

罗曼尼－康帝葡萄园里小巧的黑皮诺果实。图为第二批结果，通常不用来酿酒。

庄主欧柏·德·维廉（Aubert de Villaine）将在近年内引退，其侄子Bertrand de Villaine已于酒庄实习，待来日代表家族成为共同经理人。

1

2

3

4

1. 左边6款为酒庄6款特级葡萄园名酒，分别为La Romanée-Conti、La Tâche、Richebourg、Grands-Echézeaux、Echézeaux及Romanée-Saint-Vivant；最右为Vosne-Romanée 1er Cru, Cuvée Duvault-Blochet。

2. 世界名酒蒙哈榭（Montrachet）由霞多丽白葡萄酿成，年产仅约3000瓶。

3. 左为渣酿白兰地（Marc de Bourgogne），右为精酿白兰地（Fine de Bourgogne），精酿产量仅为渣酿的1/6，酒价较前者略高。

4. 精酿白兰地口感纯净优雅，余韵极长，漫画《神之雫》称其为山难救命酒，饮后会激起求生斗志。

伟大地块的天才

酒庄所在的沃恩－罗曼尼酒村朴实无华，广场中心有座小教堂，前有一家乏善可陈的酒铺，其他则无可观之处。然而在教堂左方一条不起眼的窄巷里，罗曼尼－康帝庄园这座举世崇美的圣堂却匿隐其中。酒庄铁栅门上只简单镶上RC两字，形似一般农庄。

德·维廉指出，"珠玉之园"罗曼尼－康帝并非总是安然无恙，备受呵护。19世纪末葡萄根瘤芽虫病来袭期间，本庄陆续拔除各个葡萄园的病树，将新苗嫁接在美洲种的葡萄树砧木上。由于罗曼尼－康帝为镇庄之宝，因此酒庄一直延迟罗曼尼－康帝的改种计划，期间曾以液态二硫化碳（Carbon Disulfide）注入此园土壤，以对抗葡萄根瘤芽虫。"二战"期间，二硫化碳匮乏，园区树株病情因此加重，只好于1945年秋收后全数拔除改种。

1945年罗曼尼－康帝庄园因树株健康情形不佳，严筛优质葡萄酿造后，仅得酒酿608瓶，然而酒质高超，也因数量创历史新低，因此成为酒迷企求的梦幻名酒。也因此，庄主对于拍卖会上几乎年年出现的1945年份罗曼尼－康帝，始终质疑其真假。若有人自炫或推销1947、1949年份的罗曼尼－康帝，请勿轻信，因为"二战"后，此酒的首年份为1952年。尽管如此，1947、1949确属上好年份，尤以塔须最为秀异，为行家所津津乐道。

对庄主来说，哪些年份的罗曼尼－康帝最伟大或最令人印象深刻呢？德·维廉提到以下几个年份，分别是1911、1926、1929、1934、1959、1962、1966、1975及1999年。熟悉罗曼尼－康帝的收藏家或酒迷对此名单大致没有异议，但很可能怀疑为何挑出1975这个表现不出色的年份。推想原因有二：其一是当时庄主才刚接手经营，对棘手的年份仍记忆犹新；其二是只有遇上未被赞颂的年份，伟大地块的天才潜能才能被彰显出来。

跟随庄主的脚步进入地窖，来到由石灰岩挖凿出的藏酒窖，可以看到岩壁上还镶嵌有贝

1. 巴达－蒙哈榭（Bâtard-Montrachet）白酒的软木塞。

2. 庄主认为，熙笃修道院奶酪（Fromage de l'Abbaye de Cîteaux）是唯一可与罗曼尼－康帝红酒相搭配的奶酪。

3. 这两瓶Grands-Echézeaux红酒极为精彩，一瓶为1999年份，一瓶为1989年份（现饮正好），都是阳光满溢的绝佳年份。

类遗迹，足证数十万年前本地曾经深藏于海底世界。酒窖深处是供贵宾品酒的窖穴，旁有老酒典藏室，最久远年份的库存是一瓶1911年的丽须布尔；相较波尔多名庄动辄有超过一两百年年资的窖藏，这里的收藏似乎简陋得多。究其部分原因，乃因1910年本庄才搬迁至此，旧址则位于南边松特内村（Santenay）。

就着鹅黄的烛光开瓶，是德·维廉所珍爱的1975年罗曼尼—康帝。酒色砖红淡雅，蕈菇、枯凋玫瑰细语呢喃，酒液滑顺入喉，丹宁如丝延展，澄透，芳馨红果风味一息尚存，酸香柔沁舌缘；旋即披上中年气韵，以秋季雨后氤氲、林下湿叶为谱，拨弦三两声，如投石入潭，陈香泛如潾光，乐音幽如涟漪。这一切，让笔者联想到近来流行的"西藏颂钵音乐疗法"，以棒触钵，回响以柔焦泛音，旁敲侧击受众的心态思绪，自愈于音波的共振。德·维廉认为，好酒带有一股"气"，硬功夫固然好，但罗曼尼—康帝气走经脉，饮来有时难以捉摸，穷于言喻。

1. 前景为罗曼尼 – 圣维望葡萄园（Romanée-Saint-Vivant），后为沃恩 – 罗曼尼酒村屋舍。
2. 藏酒窖里的老年份罗曼尼 – 康帝酒款。

通常所谓的好年份是指如1989、2003年之类的蓝天旱阳，炙热如漠。然而这类果实极熟的年份，常会以年份的烙印掩去风土的印记。较之本庄其他名园地块，罗曼尼－康帝硬是多了一种即使历尽风霜试炼仍依稀可辨的仙风道骨。庄主道此乃行家选酒，唯有知味者识饮，1975年份正是试金石，沉淀出罗曼尼－康帝好酒的能耐。

德·维廉主持庄务40载，自认最极致的年份是1999年，采收期前的9月9日至9月15日仍处于36摄氏度高温，夜间微风凉爽，造就了绝佳年份，麾下各款酒酿都是绝世名酿。实情是，1999年以来，本庄接连酿出反映风土和年份的珍物，未曾失手。

蒙主宠召前必饮百大

除了罗曼尼－康帝，同属罗曼尼－康帝庄园的塔须红酒也是举世赞扬的美露，唯风格与前者不同，塔须更为浓郁深厚，眩人五感，有不加修饰的狂野，以甜美深沉的果香媚惑人心，凡人难挡。罗曼尼－康帝酒款必须在心思澄明细腻时才能体会其伟大。英国葡萄酒杂志《品醇客》（Decanter）2004年8月号曾邀请专家评选"宠召前必饮百大"（100 Wines to Try Before You Die），标准不以单一酒款为限，同时还加入年份条件，于是同款酒的不同年份便成为独立选项，其中塔须入榜三回：分别是1966、1978及1990年。反倒是酒王罗曼尼－康帝，仅入选两回，即1921及1966年，分别代表1945年前后，本园未嫁接老藤及重栽新树后的酿制典范。

本庄不生产波尔多风行的二军酒（Second Wine），但除了6款由黑皮诺（Pinot Noir）酿制的特级名门红酒外，的确在几个罕见年份曾经推出特别款红酒。例如1999及2002年，葡萄品质俱佳，在特级葡萄园地块采收第一轮最优质的果实后（用以酿造特级园酒款），再进

1. 老酒典藏室里年份最资深的库存是1911年份的丽须布尔。

2. 酒庄铁栅门上，只简单镶上RC两字，状似一般农庄。

3. 酒庄曾于1970年引进不锈钢酿酒槽，但仅用一年又回归到传统大型木造酒槽酿酒，槽内目前设有温控装备。

行第二轮采收；第二轮品质虽不若首轮，但因年份特佳，所以依旧优质。酒庄以此"特级二轮"混合特级葡萄园的年轻果树葡萄，再加上一级葡萄园的葡萄，酿制出Vosne-Romanée 1er Cru, Cuvée Duvault-Blochet，虽以一级酒出售，然品质却胜过某些酒庄特级酒款。这款以19世纪庄主姓名命名的Cuvée Duvault-Blochet首度出现于20世纪30年代，暌违60年后，于1999年重现江湖。酒庄一级园地块共占地1.5公顷，来自Les Gaudichots（塔须园上方）、Aux Malconsorts及Les Petits-Monts。

特级新作·高登红酒

前述本庄拥有6块酿造红酒的特级葡萄园，然而2008年罗曼尼－康帝庄园又向Domaine Prince Florent de Mérode庄园租下高登特级园（Grand Cru Corton）的3块地酿酒，分别是Corton Bressandes、Corton Clos du Roi及Corton Les Renards，共计2.28公顷，预计首年份为2009年。消息一出，引起酒迷骚动，中国台湾传有客户下单抢头香，然而根据惯例，新酒款通常在前几年仅供法国内销。

酒庄自1963年起陆续购得蒙哈榭（Montrachet）特级地块，占地0.67公顷，以霞多丽（Chardonnay）品种生产勃艮第白酒里众所公认的同名酒皇"蒙哈榭"。该款酒口感丰美复杂，年产仅约3000瓶，因此价格高昂。"宠召前必饮百大"酒单里入选的有蒙哈榭1978及1993年份。

资深酒友都听过本庄的蒙哈榭白酒，但DRC也产巴达－蒙哈榭（Bâtard-Montrachet）特级葡萄园白酒，大部分人可能前所未闻。其实本庄拥有0.17公顷的巴达－蒙哈榭园区，产量每年不过300瓶，并不对外贩卖，主要供酒庄款客或自用。此酒和蒙哈榭同时采收，酿法相同。笔者二次拜访时，庄主便开1996 Bâtard-Montrachet款待共饮，当时仅觉这是一瓶好

1. Romanée-Saint-Vivant酒款用以陈年的橡木桶。

2. 酒庄库存酒窖的挂牌。

1. 此为罗曼尼－康帝葡萄园的老葡萄树；自2008年起，酒庄已实行100%自然动力法耕作。

2. 现任酒窖总管及酿酒师贝纳·诺贝雷（Bernard Noblet）。

3. 酒庄的陈年酒窖其实是当年圣维望修道院的地下酒窖。

4. 罗曼尼－康帝葡萄园矮墙上的园名刻字。

酒，但不特别好。2009年三度重访时，主酿酒师贝纳‧诺贝雷（Bernard Noblet）又开同瓶酒款给包括当地餐厅侍酒师在内的众人品饮。3年后再度品试，这回终能了解庄主所言，这支未上市的巴达－蒙哈榭并不输给酒皇蒙哈榭：其酒液澄透如金带绿，结构完整，口感丰满，滋味源源不绝渗透味蕾，寻有熟杨桃、洋梨、奶油、尚香等风味，具有绝佳酸度，摄人心魂，在场侍酒师无不啧啧称奇。

蒸馏酒中精魂

其实罗曼尼－康帝庄园也出产白兰地，从前只有内行酒友才会识得此珍品，现在拜漫画《神之雫》之赐，询问此酒的酒友骤增。然而庄主不饮烈酒，即便是自家产品，也未曾饮过；大半DRC白兰地都外销到亚洲。此次再访，冒昧要了两款白兰地品试，一饮甚惊，好样的美酿。首款是1990年份的渣酿白兰地（Marc de Bourgogne），乃以压汁后的葡萄皮渣连梗再行蒸馏，且桶储至少15年才上市。另一款则是1981年份的精酿白兰地（Fine de Bourgogne），是以木桶发酵后尚存、吸饱酒汁的死酵母复行蒸馏所得的醇酿。渣酿较为雄浑，结构佳；精酿则较温柔细腻优雅。风格互异，两者皆美，都蒸馏自黑皮诺葡萄。

哲学庄稼汉

地方望族之后且为天下第一庄庄主的德‧维廉谦逊低调，总是一身简便夹克、灯芯绒工作裤，在园里行列巡回；其语气沉稳，思路清晰，终其一生为酿制忠实转译风土的美酿而孜孜不倦。酿酒是哲学的实践，要观天象，察

地气。在全能老酒人安德烈‧诺贝雷（André Noblet）老退后，DRC曾经聘请一位酿酒师执大权，不过这位酿酒师虽有酿酒学问，却对天上地下无敏锐体察，一年雇佣期后庄主就解其职。当初安德烈‧诺贝雷是酿酒师、酒窖总管，也管植栽，一条鞭贯彻本庄的酿酒哲学；目前则由其子贝纳‧诺贝雷掌管酿酒，由杰哈‧马罗（Gérard Marlot）担任葡萄植栽总管，共同发扬庄主的理念。

或许庄主不久后即将引退，然而庄园传承已如葡萄老树扎根，深探厚土难以撼摇，他毫无愁虑。届时，这位朴实无华的贵族老农，终于可以常邀老友驱车至百千米外的侏罗山区，临山溪旁，展其无饵的毛钩钓法（Fly Fishing），拉杆抛线，凌空划弧，探水钩鱼。罗曼尼－康帝固然美，然电影《大河恋》（A River Runs Through It）之景亦让其心向往之。🍷

Domaine de la Romanée-Conti
1, rue Derrière-le-Four
21700 Vosne-Romanée, France
Tel: +33 (03) 80 62 48 80

酒如其人
Domaine Leroy

勃艮第酒商乐华（Maison Leroy）成立于1868年，后由家族第三代亨利·乐华（1894—1980）接手。虽然主要营业项目是向酒农购买整桶优质新酒，于酒窖熟成后装瓶贴标出售，然而家族当时的致富之道乃是向德国销售白兰地或较次等的葡萄酒，好让德国酒商将其酿成气泡酒。1942年亨利·乐华购下名庄罗曼尼—康帝庄园50%的股权，和德·维廉（De Villaine）家族共同经营。之后罗曼尼—康帝庄园的酒款除美国及英国市场外，均由乐华售出，成为其主要收入来源。

亨利·乐华育有两女，分别是大女儿宝琳（Pauline）及二女儿玛雪儿（Marcelle, 1932— ）；玛雪儿即为拉鲁女士（Lalou Bize-Leroy，酒界称其为Lalou），由于作风强势，人称"铁娘子"。拉鲁成长于酒业世家，耳濡目染，自小爱酒，然而其青少年时期的梦想却是成为森林导游员，以便亲近大自然。至成年，基于对父亲的爱及原本即有的浓厚兴趣，拉鲁于1955年正式踏入酒界，以23岁之龄说服父亲将酒商乐华交予她经营。因当时亨利·乐华任罗曼尼—康帝庄园管理一职，常有分身之术之慨，遂欣然答应。

1974年亨利·乐华退休，拉鲁便承接父亲的罗曼尼—康帝庄园共同经理人一职，直至1990年，因传出拉鲁借罗曼尼—康帝庄园的销售通路和时机，推广自有乐华庄园（Domaine Leroy）及奥薇涅庄园（Domaine d'Auvenay）酒款，有利益冲突之嫌，罗曼尼—康帝庄园董事会遂于1992年卸除拉鲁共同经理人的职务。对自负的拉鲁而言，这当然是难以承受的羞辱。不过事隔多年，如今的拉鲁更优游于自有庄园，以其崇尚的自然动力法（Biodynamic Viticulture）种植葡萄树，酿出酒质及酒价都

1. 拉鲁女士收容的无家可归的流浪犬，两只爱犬总是如影随形。

2. 拉鲁在乐华庄园（Domaine Leroy）的办公室。

3. 乐华庄园的起居室。

4. 乐华庄园的酿酒窖入口。墙上挂有传统采收篮，前景的古董器械为蒸馏机的一部分。墙上文字由拉鲁女儿幼时所写，意为"葡萄酒乃宇宙之神启，反映世界物质的风味"。

" Le Vin est d'inspiration cosmique, il a le goût de la matière du monde "

足以和罗曼尼—康帝庄园并驾齐驱的红、白酒款，让乐华庄园成为勃艮第最令人尊敬的葡萄酒圣坛之一。目前宝琳及拉鲁各自拥有罗曼尼—康帝庄园25%的股份。

高岛屋入股

在拉鲁的主持下，酒商乐华仅选购品质最优秀的葡萄酒，这些酒款都须在盲试（Blind Tasting）后，品质达到她刁钻品味的认可始能选入。然而若要完全控制酒款品质的稳定性，最终办法还是得建立起自有庄园，以自有葡萄园所生产的果实来酿造理想酒款。

1988年沃恩—罗曼尼酒村的Domaine Charles Noëllat酒庄对外释出，除了酒庄建筑，还有该庄拥有的村内优质园区共计12公顷，其中包括丽须布尔特级园、罗曼尼—圣维望特级园（Romanée-Saint-Vivant）、梧玖庄园特级园（Clos de Vougeot），还有其他沃恩—罗曼尼酒村及夜·圣乔治（Nuits-Saint-Georges）酒村的优秀一级园区。由于政府划定的勃艮第葡萄园面积极其有限，如要创立庄园，此时购入酒庄及葡萄园实在机不可失。据说当初AXA投资暨保险集团也有意投标，但此间拉鲁积极竞标，以更高的价格抢标成功，于是同年和姊姊宝琳共同创立乐华庄园，其中部分资金的筹措来自售予日商高岛屋（Takashimaya）30%的酒商乐华股权。1989年野心勃勃的拉鲁更买下位于哲维瑞—香贝丹（Gevrey-Chambertin）酒村的Domaine Philippe Remy酒庄，使得乐华庄园自有葡萄园达到22.5公顷。

同样在1989年，拉鲁自创位于圣·侯曼村（Saint-Romain）的奥薇涅庄园，她是此园的唯一持股人。祖传葡萄园加上陆续

购入的园区，目前奥薇涅庄园自有葡萄园共计3.67公顷，包括马滋—香贝丹（Mazis-Chambertin）、邦马尔（Bonnes-Mares）及克利优—巴达—蒙哈榭（Criots-Bâtard-Montrachet）等，都以自然动力法耕作，年产不到1万瓶，酒质及索价均高。尽管如此，财力丰厚的藏酒人却仍然趋之若鹜。

1993的试炼

20世纪60~70年代，法国葡萄农常借助杀虫剂、除草剂及灭菌剂等新发明来进行耕种。自幼即感知万物生生不息之理的拉鲁，怎堪忍受这些"杀"、"除"、"灭"等负面做法，致使葡萄园步上生机灭绝之途？创立乐华庄园的那年，拉鲁动身前往罗亚尔河流域，拜访以自然动力法耕植葡萄园的大师尼可拉·裘立（Nicolas Joly）。在见到裘立的赛洪河坡葡萄园（Clos de la Coulée de Serrant）施行此农法后，放眼望去一片生机盎然，遂生起而效尤的决心。来年，在未经任何实验的情况下，她将乐华庄园及奥薇涅庄园的耕作法一夕间全换成自然动力法。她当时的顾问，同时也是自然动力法主要倡导人物之一的方斯瓦·布雪（François Bouchet）便直言不信拉鲁可将22公顷的园区一夕间改头换面。然而拉鲁的坚毅和好胜却让她完成了这项不可能的任务，并因此成为勃艮第施行自然动力法的先驱。

实施此农法后，不喷洒农药、化肥、灭菌剂的园区葡萄树成长自然秀美，然而1993年阴湿多雨，酒庄略为不慎，便让霜霉病（Mildiou）大举入侵，园区的葡萄树几乎全数病死，果实大多烂光。当地酒农和媒体记者因此也都视拉鲁为笑话。当时为了挑选出可酿酒

1. 乐华庄园（Domaine Leroy）位于沃恩－罗曼尼酒村，此为酒村广场及教堂。

2. 拉鲁身手轻巧，亲自登梯察看木造酿酒槽的保养情形；右边持杯者为酒庄经理侯麦（Roemer）先生。

3. 黑色酿酒槽并没有出现编号第13号，拉鲁自承有点迷信。酿酒槽的地下楼层是葡萄酒在橡木桶里进行乳酸发酵及后续培养的地方。冬天酒庄会在上方盖上一层厚羊毛毯，让下方的酿酒窖环境适宜进行乳酸发酵。

的优质葡萄，每名工人每小时可挑掉5千克弃置不用的葡萄，使得产量创下新低（某些地块每公顷不到1000升）。然而事后证实，1993年份的酒款酒质卓越，反而成为众人争抢的传奇经典。以自然动力法调养的葡萄园，如今非但没有病死，反而越发强健美丽。以多雨的2008年而言，拉鲁表示："其他酒农都有霜霉病、粉孢菌病害的困扰，我的葡萄园却无恙无灾，连不信任自然动力法的人都大加赞赏！"然而令人惋惜的是，1993年为拉鲁酿酒的知名酿酒师André Porcheret，因不解拉鲁对自然动力法的誓死坚持，于翌年挂冠求去，如今转而为勃恩济贫院（Hospices de Beaune）效力。

当初购入Domaine Charles Noëlla时，刚开始拉鲁仍聘用原有的老员工。然而到了4月春季初始，她开始要求员工手持圆锹翻土，许多人抗拒上令不愿配合，认为按过去惯例施洒除草剂较为省时省事，逼得拉鲁只好另外找人翻土。事后，不愿听令的员工当然只好识相走路，留下的都是受拉鲁精神感召的人。拉鲁非常自豪，目前的三十几人团队有高昂的凝聚力

及共识。曾像许多施行有机或自然动力法的酒庄一样，拉鲁也外雇马夫及马匹犁田，因传统的农耕机过重，容易将土壤压实而破坏其活性。几年前，她购入最新式的小型农耕机，重量甚至比马匹还轻。据拉鲁估算，一匹成马约900千克重，加上负载器具，重达1200千克；而新型的农耕机重量则为950千克，机器分左右两侧，上跨葡萄行间，因此重量再除以二，实际压力每道不到500千克，成了拉鲁如今治园的最新利器。

玛莉亚·图恩的疗伤涂浆

拉鲁除了依照鲁道夫·史坦勒（Rudolf Steiner, 1861—1925）所提出的各种500系列配方作调配外，也根据德国自然动力法农者暨研究者玛莉亚·图恩（Maria Thun）所提出的方法，制作疗伤涂浆及特制粪肥。

首先，冬季剪枝的最佳时机是在1月6日之后（本庄总是在1月20日左右进行），这时葡萄树的树液会开始由下往上推升，剪枝后在切

1. 酒窖。本庄都用新桶陈酿，不过熏桶极轻微，桶味不特别强。

2. 顺梯而上，便是乐华庄园的品酒室。

1. 由左至右为乐华庄园（Domaine Leroy）2003年份的Romanée-Saint-Vivant、Richebourg及Chambertin特级园酒款。2003年份极为精彩，拉鲁对Chambertin尤加赞赏，认为可与酒商乐华（Maison Leroy）1955 Chambertin等量齐观。

2. 2005 Grand Cru Romanée-Saint-Vivant, Domaine Leroy，是笔者最喜爱的酒款之一。

3. 奥薇涅庄园（Domaine d'Auvenay）特级葡萄园酒款，由左至右分别为：Mazis-Chambertin、Bonnes-Mares、Criots-Bâtard-Montrachet、Chevalier-Montrachet。

4. 大地春回之际，树液会从剪枝所造成的伤口渗出，称为"葡萄树之泣"（Les Pleurs de la Vigne）。

乐华庄园庭院春景。

面上留有外露伤口，纵使细菌借此入侵，也会被树液外推而无法入侵。若原本即已患病的树株，更应等到3月大地春回、树液顶升之际再进行剪枝，此时树液会渗出伤口，酒农称其为"葡萄树之泣"（Les Pleurs de la Vigne）。为了让伤口加速复原，拉鲁会调制玛莉亚·图恩剪枝疗伤涂浆（Le Badigeon M.T.），其成分包括黏土、有机牛粪、牛的乳清、木头灰烬及木贼茶饮（Tisane de Prêle）。通常两人一组，前一位剪枝，后一位涂浆，为树株疗伤。虽然人称拉鲁"铁娘子"，但其心思敏感尤重感情，视葡萄树株如己出，悉心呵护无微不至，或许正因为个性过于敏感，情绪起伏较剧，才给人不易沟通的印象吧。

拉鲁有时也会为园区特制玛莉亚·图恩粪肥（Le Compost de Bouse M.T.）。此配方既可为深受化肥毒害的土壤排毒，也能促进土壤吸收大地有机物，就像人体肠道，一旦健康，吸收力强，自然就身强体健。此特制粪肥需以60升的有机牛粪，加上500克的玄武岩，再加上50克的生鸡蛋壳，翻搅之后，铲入半埋于土中的橡木桶（以吸收地气精华），再掺进各种鲁道夫·史坦勒500系列配方，发酵到出现腐殖土的气味即成。

顺势产美酒

拉鲁参照方思瓦·布雪的学说，加上其经年亲近葡萄树的体验，决定在夏季葡萄树抽出新枝芽之际，不像许多酒庄以装载有旋刀的农耕机加以砍除（Rognage，一方面避免树叶遮住果实，另一方面方便葡萄园里的各项工务），而是让新枝芽继续抽长，直到顶端卷曲嫩芽（Bourgeon Terminal）抽出，葡萄树会自然停止抽长新枝，并集中力量让果实成熟。为了让枝芽不会漫无目的地蔓生，妨碍工作进行，拉鲁会在5～6月之际，以人工轻巧地将新枝芽卷缚到整枝铝线上，待顶芽顺势长出。若依传统方法剪去新枝，葡萄树反而会产生补偿作用，越剪越长。如此一来，葡萄树会浪费精力徒长新枝，无法全神贯注在果粒的熟成上。成为勃艮第唯一采取费时顺势导引法（每位员工每小时仅能卷缚一行葡萄树）的酒庄，拉鲁相当引以自豪。据笔者所知，阿尔萨斯的Domaine Zind-Humbrecht也采用此法。

酿酒方面，乐华庄园的酿法相当传统，与罗曼尼—康帝庄园的酿法相当接近。不去梗、不破皮挤粒，将完整葡萄串放入发酵桶里发酵，期间以人工踩皮萃取酒色、酒香和丹宁，之后将榨汁加回自流汁；基本上不过滤也不滤清，但装瓶前会以每5桶的量重新混合同一葡萄园的酒酿，再行装瓶，尽量缩小单瓶之间的差异。其风格却与罗曼尼—康帝庄园截然不同，乐华庄园的酒款丹宁更为明显，口感也更加浓郁甜美，但也因极度浓郁集中，其年轻酒款所呈现的风土差异不若罗曼尼—康帝庄园，需要更长时间的陈年才能显现出来。

2004之殇

自1988年建庄以来，2004年本庄首度将全部的特级及一级园区酒款降级，仅以村庄级及地区级酒款出售。究其原委，首先在于年份不佳，在霉病及冰雹的双重夹击下，拉鲁认为品质未达应有水准。另外，由于采收过程严选葡萄，产量稀少，因此必须混合部分酒款以成桶陈年。

以下是2004年本庄酒款的组成要素：

地区级Bourgogne酒款：包含Pommard、1ers Crus de Savigny、Volnay，甚至包含特级园区Clos de Vougeot、Clos de la Roche及Corton-Renardes的葡萄原料。

村庄级Nuits-Saint-Georges酒款：包含本村一级园Boudots及Vignerondes，还有3块Nuits-Saint-Georges村庄级葡萄。

村庄级Vosne-Romanée酒款：包含本村一级园Genevrières、Beaumonts、Brûlées，以及特级园Richebourg、Romanée-Saint-Vivant。

村庄级Chambolle-Musigny酒款：包含本村一级园Fremières、Charmes及特级园Musigny。

村庄级Gevrey-Chambertin酒款：包含本村一级园Combottes及特级园 Latricières-Chambertin和Chambertin。

酒庄的正门低调含蓄。

拉鲁女士如今已近80岁高龄，平时酒庄实际经营琐事已交由经理侯麦（Frédéric Roemer）先生处理。拉鲁的女儿及两名孙女似乎还无心接手庄务，然而这似乎无碍拉鲁的心情，她依旧每日生龙活虎，身手矫捷。采访当天即见她亲自登爬高梯，察看巨型发酵槽的维修情况。拉鲁集自负难驯、毅力果决、敏感多疑、优雅高贵，以及信心、耐心、爱心于一身，似乎平易有礼却作风神秘、性格复杂，一如其酒酿，真可谓酒如其人！🍷

Domaine Leroy

Rue de la Fontaine

21700 Vosne-Romanée, France

Tel: + 33 (03) 80 21 21 10

Fax: + 33 (03) 80 21 63 81

Website: http://www.domaineleroy.com

香贝丹之王
Domaine Armand Rousseau

由拿破仑贴身秘书于征旅中聆听其口述、振笔疾书而成的《拿破仑回忆录》，以第一人称的口吻讲述这位谜样人物的最大癖好之一，就是对于葡萄酒的永恒爱恋。

他极爱香槟，生平时常到访香槟重镇艾裴涅（Épernay），次数之频繁，让当时的酩悦香槟（Moët & Chandon）酒厂庄主让－黑弥·莫耶特（Jean-Rémy Moët）替拿破仑及其家属在该市建造了两间迎宾馆。而拿破仑最偏爱的红酒，则是目前位于勃艮第哲维瑞－香贝丹（Gevrey-Chambertin）酒村里的特级葡萄园香贝丹（Chambertin）醇酿。香贝丹红酒对他而言犹如心头肉，当他挥军跃马四处征战之际，必会要求巴黎供应红酒的店铺老板随军充当酒事顾问。看来，这位酒铺掌柜应称得上是现代侍酒师的鼻祖了。

拿破仑一生诸多事迹都与香贝丹有关。1798年入侵埃及时，他深恐香贝丹一旦饮尽，从大后方补运极其不易，于是便带上堆桶如山的香贝丹。谁料酒量深厚的悍将拿破仑也难将芳酒尽饮入腹，班师回朝时还将香贝丹一道运送回国，及至法国本土，酒液醇酽如昔，拿破仑呼之好酒！

当时的勃艮第以小酒农为主，均将酿成的美酒整桶售予大酒商，大酒商再自行陈年、装瓶、贴标出售。遥想拿破仑当年以十指抓起隔夜冷凉美味的烧鸡便啃之际（他自曝喜以十指抓食，以面包块蘸食盘面所剩酱汁，吮指滋味无穷），他的侍酒师当时荐予其哪家酒商的香贝丹以佐佳肴，现已无可考。然而这无从究查的陈年账，笔者便要怪罪当时负责记录口述历史的秘书布瑞安（Louis Antoine Fauvelet de Bourrienne），重点未录，如何能提供拿破仑稳定醇酒来源？又如何飨我辈对于拿破仑御用美酒之究奇？既然如此，曾修习过侍酒师文凭的笔者胆敢猜测，若拿破仑再世，定依我谗言，采用阿蒙·卢梭庄园（Domaine Armand Rousseau）的香贝丹为御用酒款。

1. 本庄比利时熟客每年亲来试酒、选酒，至今三十余载。

2. 酒窖。

本庄最佳3款名酒，由左至右分别是Chambertin、Chambertin
Clos-de-Bèze及Clos-Saint-Jacques。前两者使用100%新橡木
桶陈年，Clos-Saint-Jacques则使用70%～100%的新桶。

不信？连在酒界呼风唤雨的美国酒评家帕克（Robert Parker）都说："我极度景仰查理·卢梭（Charles Rousseau），并以收藏其酒酿为傲。"有懂行者言："帕克哪里懂得勃艮第酒，他管好波尔多酒便是！"此话成理，但连帕克都推荐的香贝丹，您又怎能错过？

哲维瑞－香贝丹酒村之王

查理·卢梭（Charles Rousseau）是谁？他是酒庄的创建者阿蒙·卢梭（Armand Rousseau）之子。查理原研习法律，仅学及一半，便应父命返家耕田。然而聪慧的他嗅到当时土地价格渐飙之势，而老父自第一次世界大战前所承袭的几方葡萄园绝非等闲，便毅然改读酿酒学，加入父亲旗下的酿酒阵容。尤其是在20世纪20年代，阿蒙陆续购进后来被列为特级葡萄园的香贝丹、夏姆－香贝丹（Charmes-Chambertin）及罗西庄园（Clos de la Roche）等名园，加上当时《法国葡萄酒杂志》（La Revue du Vin de France）创办人Raymond Baudoin的热情鼓励，阿蒙从20世纪30年代起创当时风气之先，将最优秀的葡萄酒于酒庄内装瓶，不再外售给酒商，改为直销给法国高级餐厅和私人客户，逐渐打开了阿蒙善酿的名声。然而好景不长，阿蒙一日外出狩猎，竟逢车祸意外撒手人寰，时值1959年。

此后查理愈加虔心酿酒，且眼光精准，不断下手扩充旗下葡萄园面积和不同地块。勃艮第占地面积最大也最著名的酒村哲维瑞－香贝丹里，只有阿蒙·卢梭庄园拥有如此多样的特级葡萄园，再加上一级及村庄级（Village）葡萄园，现下共有园地约14公顷。本庄光是特级地块就有8.1公顷，反而是村庄级园区占地最小，羡煞其他同业。其中特级地块还坐拥一王一后，香贝丹称王，香贝丹·贝日园（Chambertin Clos-de-Bèze）封后，各自新酒的释出价格都在300美元以上。

目前阿蒙·卢梭庄园的销售情形，出口占80%，剩余的20%才留在法国。而这20%当中的1/2，则由旅法外国观光客所购，因此只有10%的阿蒙·卢梭美酿真正为法国人所享用。全球只有三十几个国家能有幸分到其少量酒款，每年总产量亦不过约6.5万瓶，各款酒产量都仅以千瓶计数。中国台湾也销售其中的大部分酒款，且愈是顶级愈是热门，即便是本庄酿制的村庄酒，都对得起饮者的钱包。

再次造访时，第三代传人——目前的庄主艾瑞克·卢梭（Eric Rousseau）准时出现在酒庄庭院。艾瑞克看上去50岁上下，短小精悍，语调温柔。问其为何法规规定产自香贝丹·贝日园的酒款可挂上香贝丹之名出售，后者却不能以前者之名销售？庄主也不确定历史发展何

本庄橡木桶使用出自法国中部Allier森林的木料。

自香贝丹·贝日园（Chambertin Clos-de-Bèze）及圣贾克庄园（Clos-Saint-Jacques）挖出的贝类古化石。

4

1. 本庄另3款特级葡萄园酒款，左边Mazy-Chambertin性格雄浑粗犷；右边Charmes-Chambertin风格细腻清香；中间Clos-des-Ruchottes则综合两者之长，酒质更胜前两者。

2. 酒窖人员正进行换桶（Soutirage）工作，以分离沉淀物。

3. 酒庄用以标示桶号的字模、笔刷和墨印。

4. 第三代庄主艾瑞克·卢梭（Eric Rousseau），短小精悍，话语温柔。

以至此。真的有酒庄以香贝丹·贝日园的酒款贴上香贝丹的酒标出售？答案是肯定的。本村皮耶·大摩庄园（Domaine Pierre Damoy）旗下的香贝丹其实出自邻旁的香贝丹·贝日园，主要目的是为了扩充其产品线，让酒款多样化。由于香贝丹·贝日园的地块与香贝丹园区仅一路之隔，因此风味极为相仿。

其实两园的酒款本来就极为类似，差别只在于香贝丹·贝日园坡度较陡，向阳极佳，一般而言较香贝丹气温略暖，土质也较轻，混了较多石灰岩碎片，因此风格较洗练细腻，香气脱俗多变而繁复。而香贝丹的整体浑厚深沉，筋骨俱全，性格阳刚。粗略划分，香贝丹·贝日园乃雍容华丽的一代女皇。

在饮酒顺序上，应先饮香贝丹·贝日园，再饮香贝丹？未必，仍须视酒庄及年份而定。以阿蒙·卢梭庄园为例，气候较冷凉的2007年份受日照较佳的香贝丹·贝日园便胜出，应该

而阿蒙·卢梭的香贝丹地块靠南，位于革里萨背斜谷（La Combe de Grisard）出口，西边山区爽凉微风吹拂，因此一般而言果实成熟度不如香贝丹·贝日园地块。然而对于热旱年份，例如2003年及2005年，阿蒙·卢梭的香贝丹表现便略胜香贝丹·贝日园一筹，应殿后品饮。至于不旱热也不阴凉的2006年份呢？因香贝丹·贝日园受冰雹摧残甚巨，产量大减，树上所留果实因汲取充足的养分而熟美可人，因此酒质仍在香贝丹之上，应该后饮。

居两名酒之下，品质最优者并非其他特级园区酒款，反倒是酒质媲美特级园区的一级圣贾克庄园酒款（Clos-Saint-Jacques）。此园如同香波—蜜思妮（Chambolle-Musigny）酒村的一级爱侣园（Les Amoureuses）及沃恩—罗曼尼酒村的一级名园克罗·帕宏图（Cros Parantoux），同属勃艮第最精华的一级园代表，实有特级园的品质。圣贾克一级园也位于拉沃背斜谷（La Combe de Lavaux）出口，地块凉爽，除了良好的架构和口感深度外，清雅酸度也是其清晰可辨的特质。

即便本庄气势及酒价如日中天，但庄务背后却暗藏无以为继的隐忧。艾瑞克无子，仅育两女，且都游历他乡，未见来日返乡接掌庄务的意向。对此，艾瑞克只说无法强求。看来，找位爱酒的乘龙快婿或为解决之道。若拿破仑天上有知，也许会巧扮月老，以延续本庄香贝丹醇酿的香火吧！🍷

Domaine Armand Rousseau

1, rue de l'Aumônerie,

21220 Gevrey Chambertin, France

Tel: +33 (03) 80 34 30 55

Fax: +33 (03) 80 58 50 25

Website: http://www.domaine-rousseau.com

阿蒙·卢梭庄园的葡萄树平均树龄约为45岁，最长者已逾80载。

1. Chambertin（左）和Chambertin Clos-de-Bèze（右）两个特级葡萄园仅一路之隔。

2. 圣贾克（Clos-Saint-Jacques）是超级一级园区，位于背斜谷出口，园区多风凉爽，酒里常有鲜美酸度。

3. 哲维瑞 – 香贝丹酒村葡萄园秋景，印证了本区为金丘（Côte d'Or）的说法。

高登山的御赐美酿
Domaine Bonneau du Martray

法国勃艮第产区红白好酒不可胜数，各显风姿，撩搔饮人舌蕾鼻窍。本地美酒风貌令人目不暇给，全归功于当地对产区的精密划分。顶上的风，履下的土，都在缜密的法定产区法规（AOC）下，赋予葡萄多样的滋味，以待来日精酿成美露。

在这般密如蛛网的划分里，从勃艮第由北至南，若是极速飙车呼啸驶过，您眼里不见其他，但见奇美椭圆形山丘，400多米高，当地人称之为高登山（Montagne de Corton）。其山形秀丽饱满，法国已逝酒书作家李辛（Alexis Lichine, 1913—1989）于醉眼迷离、诗意兴发之际，以形论形，昵称为"发育丰美的乳房"。其实这哺育之地不产乳汁，却酿产全勃艮第最优秀的高登—查理曼（Corton-Charlemagne）白酒及高登（Corton）红酒，它们都是特级葡萄园珍酿。

大帝御赐葡萄园

据传查理曼大帝（Charlemagne, 742—814）原嗜饮红酒，但其飞瀑般的白胡常因此渍红，皇后认为有损天威，劝查理曼改饮白酒，大帝因此拔除黑葡萄，改植白葡萄。此说真假至今已不可考，然而查理曼大帝确实于775年将其所有3公顷葡萄园赠予索留修道院（Abbey de Saulieu）。此3公顷御赐葡萄园据史学家侯迪耶（Camille Rodier）所述，即位于现今高登—查理曼产区的明星酒庄——柏诺·杜·马特莱庄园（Domaine Bonneau du Martray）的葡萄园里。目前本庄共有特级葡萄园高登—查理曼及高登共11公顷，地块相连完整，独自拥有，未被分割细碎，实属罕见。本庄也只生产特级葡萄园酒款，在勃艮第仅此一家。

1. 挂在墙上的铜质酒庄招牌。

2. 庄主摩希涅（Jean-Charles le Bault de la Morinière）。

春季剪枝，枝梗烧成灰后，可撒于园里当肥料。

柏诺·杜·马特莱庄园的现任庄主摩希涅（Jean-Charles le Bault de la Morinière）自1993年从父亲手中接下经营权后，便辞去巴黎资深建筑师之职，搬回酒庄所在地佩南—维哲雷斯酒村（Pernand-Vergelesses），一年后以45岁高龄（班上年纪最长）进入第戎（Dijon）大学取得酿酒文凭后返乡进行革新，使本庄酒质大幅跃进，成为英国酒评家柯耶特评定的三星名庄。1993年采收季大雨滂沱，摩希涅遂仿效波尔多名庄贝翠斯堡（Château Pétrus），以一小时3000法郎的代价租来直升机，盘旋于葡萄园上空，以巨大螺旋桨将葡萄果串上的多余水分吹干，确保当年的收成达到应有水准。

本庄高登—查理曼白酒一向享有盛名。然而自1995年起，其高登红酒更自20世纪70年代丰厚却显粗气的风格，转趋优雅均衡而极具深度。相较其父掌权时期，摩希涅在酿法上做了如下改变，明显提升了酒质：一是100%去除葡萄梗；二是购入葡萄筛选输送带，于采收入厂时严选果粒；再就是以气垫式压榨机，针对榨汁酒（Vin de Press）作多段筛选，丢弃最后一段榨汁，仅将最优质榨汁酒重新混入自流酒（Vin de Goutte）。其红酒产量仅占总产量的10%。

以上是酒厂在酿造技术上的精进，而葡萄园里的减产工作也是提升酒质的关键。摩希涅接手酒庄后，平均年产量减少15%～20%，其父在得知1995年份平均每公顷仅产出3200升后，曾气得暴跳如雷。

葡萄，诠释上天的乐器

高登山陡斜的葡萄园里，少有人指指点点哪些葡萄是哪个品种，酒农注重的是各块风土产酒的异同。尽管经验传承明确告知勃艮第酒农，应植黑皮诺（Pinot Noir）酿红酒、霞多丽（Chardonnay）酿白酒，然而对摩希涅而言，品种就像乐器，"借由这些乐器，诠释出土壤的细节、地理的变化、微气候的影响，以及植栽、酿酒的哲学和实践手法"。

专业的爱乐人要能明辨乐器（葡萄品种）能否称职地诠释作品，乐曲听来是否和谐悦耳、架构是否完整、对位是否精巧、风格是否独具；如遇缺失，不和谐来自何方，是乐器本身（葡萄品质）的问题，还是演奏者（酿酒人）的技艺不精，或是对琴谱（风土）不够熟悉，又或是炫技过度，油腔滑调，未能洞察乐器的本质。以摩希涅而言，现下国际市场流行的带有高度橡木桶气味的霞多丽酒款，他避之唯恐不及，生怕无法精准传达风土的特质，浓妆下（过度新橡木陈年）无缘见着佳人的娟秀美颜。

庄主将高登—查理曼葡萄园（该庄有9.5公顷）区分成15个小区块，高登（该庄有1.5公顷）则区分成两个区块，每块都有其昵称，如丁香园（Lilas）、樱桃园（Cerisier）等，所产葡萄风味殊异，分别酿制后，于桶中熟成期间，再逐步混调成柏诺·杜·马特莱庄园风格的红、白酒款，就像指挥家演绎交响曲、大厨精选食材入菜，或者画家以多样墨彩作画。在摩希涅接手前，本庄并未细分地块个别酿酒，因此风格及品质都不若现在明晰。

在湿度饱胀的酒窖里，庄主说，以主要酒款高登—查理曼白酒而言，采收后的葡萄都会由1991年装设的Bucher品牌气垫式压榨机进行轻柔榨汁。然后让果汁在1500升的小型不锈钢桶内进行初步轻微发酵，并将温度控低，延长发酵时间以萃取果香精华。之后再将酒汁转入

1. 本庄实施自然动力法（Biodynamie）的葡萄园。

2. 本庄陈酿酒窖。高登－查理曼白酒并未使用太多全新橡木桶，新桶比例最多仅达30%。

3. 酒庄备有许多1500升的小型不锈钢桶，可细分地块分批酿酒，再进行混调。

4. Corton-Charlemagne白酒（左）及Corton红酒（右），2001及2002年份都是本庄优秀年份。亚洲市场仅占本庄销售的15%。

橡木桶里进行正式的酒精发酵。

采收翌年6月，当酿酒窖温度自然升高之际，橡木桶内的酒汁便会进行乳酸发酵，如此酒的发酵程序才告完成。本庄高登—查理曼白酒一般在橡木桶里陈酿12个月，新桶比例最高为30%（红酒的新桶比例约为50%），木桶原材料主要来自法国中部的Allier和Nevers森林，期间也进行搅桶（Batonnage，搅动桶里的死酵母以增添风味）。接着换桶，滤掉沉淀的粗大酒渣，之后再将酒转存于不锈钢桶里6个月，让酒液脱离木桶的培养环境，休养生息一番才进行装瓶。装瓶前红酒不作黏合滤清，也不过滤；白酒若有需要，会以皂土（Bentonite）进行极轻度的黏合滤清。

雨鞋的启示

庄主手指葡萄园里不知名的杂草说："这

群草莽朋友实为葡萄树侍从，它们的存在，见证了土壤未被化学除草剂毒害而硬化，葡萄树易向下扎根，至6米深处犹能展现活力，可避免高登山坡的土质流失。"

每当拔除老病树株，实行为期3年的土地休耕时，摩希涅前一代父执辈往往不假思索以化学药剂消毒土壤。好在此法如今已不复见，摩希涅改种绿肥以恢复地力。本庄实施有机农法有年，庄主语重心长地表示："每株葡萄树的寿命约达70年，需要三代酒农汗水耕耘才能酿出源源佳酿，不可不慎啊！"

几年前，柏诺·杜·马特莱庄园也开始实验自然动力法，目前有1/3葡萄园以此"前卫"农法耕植，成效卓著，预计不久的将来将全面实行自然动力法。虽然此农法成效还无法进行科学验证，然而几年实验下来，庄主确实发现酒质更添深度。他还发现，即便天降大雨，实行自然动力法的区块因土壤排水及通透

1. 立于葡萄园矮墙旁的圣文生（Saint Vincent）雕像，乃葡萄农的守护神。雕像正巧位于两村村界处，左边Pernand-Vergelesses酒村即为本庄所在地。

2. 高登山秋景。照片中间石墙上方的中间坡段及上坡处常种植霞多丽白葡萄，其他一些地块种植黑皮诺葡萄。本庄地块有多处面向西南，相较直接朝东的葡萄园，酒款有较佳的酸度，也需较长瓶中熟成的时间。

1. 刻有庄名的石砌门墙，后即酒庄葡萄园。

2. 未贴标的两瓶酒，是本庄用来对照同一地块（Lilas）、同一年份（2007年）以自然动力法（右）和非自然动力法（左）酿成的酒款装瓶后的品质表现。尤其陈酿几年后，将两瓶对照来饮，将极具启发意义。

3. 置放库存酒的铁栅栏。Corton红酒酒质近来有长足进步。

据庄主观察，以自然动力法耕植的葡萄园，采收后会较快变色落叶，处于休眠状态，以储存能量，待春季萌芽。后为Pernand-Vergelesses酒村。

性特佳，因此园区不再泥泞不堪沾满雨鞋，导致行走不易。对于庄主而言，这些切身观察已足以说明一切。

自十几年前起，在摩希涅的带领下，本庄开始实行"马撒拉选种"（Sélection Massale）的育种计划，亦即以自家园区所遴选出的最佳葡萄树株进行基因育种，将来若有重植新株的需求时，便能派上用场，让当地风土培育出的优秀基因得以传承下去，不需假借他处树苗培养场的育种。

传统上多数酒庄都会严选自家园区最优种株，将其旁枝覆插入土，待其生长，以获取新株。然而有时为了抵抗虫害、增加产量、加强耐寒性，会转而选购市场上所提供的新款无性生殖系。在"马撒拉选种"计划复兴后，本庄的白酒形态是否会更趋近查理曼大帝时期的风

味？这或许是附庸风雅的清谈之议，然而，想到能一面品饮高登−查理曼，一面遥想大帝风采，不知不觉，杯中的柏诺·杜·马特莱便更见其深度内涵了。🍷

Domaine Bonneau du Martray
21420, Pernand-Vergelesses, France
Tel: +33 (03) 80 21 50 64
Fax: +33 (03) 80 21 57 19
Website: http://www.bonneaudumartray.com

part **VI** 亨利・佳叶
Henri Jayer

亨利·佳叶传奇及传人

在亚洲葡萄酒迷间争相走告、传阅，甚至整套收藏的日本葡萄酒漫画《神之雫》，目前已有法文版问世，影响力正在持续扩大中。漫画情节里的第一个高潮，便是日本知名酒评家神咲丰多香在因胰脏癌撒手人寰前，必饮才肯入土安息的传奇葡萄酒；其子神咲雫虽未及见父亲最后一面，却看到父亲咽气前照饮不误的这款酒，霎时将父亲蒙主宠召前必饮的葡萄酒倾倒在水槽里。内行酒迷见此定觉扼腕，世上"饮一瓶少一瓶"的1959 Richebourg, Henri Jayer又消失了一瓶，况且还是倒在洗碗槽里！

此酒之所以传奇，乃源自酿酒师亨利·佳叶（Henri Jayer, 1922—2006）。此人酿酒酒质高超，每款数量不超过几百几千，其稀罕性，甚至价格有时要高过声名举世皆知的名庄罗曼尼—康帝庄园（Domaine de la Romanée-Conti）。顶尖收藏家热爱挑战高门槛，以搜藏罕酒为终生大愿，所以无不以拥有亨利·佳叶

的酒酿为荣，或自饮或共饮或单纯引以为豪。尤其是2006年亨利·佳叶去世后，此现象变本加厉，需求殷切，供给不再，酒价狂飙。

许多报道习惯将亨利·佳叶喻为素人酿酒师，他也颇引以为乐，然而事实并非如此。1939年因第二次世界大战开打，他的两位兄长被调往前线作战，仅剩17岁的佳叶留乡照料家园及父亲，同时接下父亲的小规模酒庄，代兄长植树酿酒。战后，他随即进入勃艮第第戎（Dijon）大学就读，成为法国首批酿酒师学位的拥有人之一，在当时相当罕见。虽然他自认"跟着父亲在农田和酒窖里学到的比学校还多"，但这段历程说明了他正统教育扎实，绝非独自摸索、土法炼钢而自成一格的"素人"。然而他常走在风气之先引领风潮，成为新一代酿酒人的精神导师，绝不墨守成规捍卫传统，集传统和实验精神于一身，酿出不让罗曼尼—康帝庄园独占鳌头的美酿，成就酒林传奇。

亨利·佳叶（Henri Jayer，右）的入室弟子有两位，一位是其妻侄艾曼纽尔·胡杰（Emmanuel Rouget），另一位是让－尼可拉·梅欧（Jean-Nicolas Méo，左）。

佳叶的葡萄园农事坚持传统，以人力或机械翻土，不施除草剂，施作接近有机农法，但对于风潮正盛的观天象施行农事、泡制"药草疗饮"以强健葡萄树体质，进而减少霉害、病虫害的自然动力法，则斥为无稽。在这项争议性颇高的议题上，他与倡导自然动力法的勃艮第明星酒庄乐华（Domaine Leroy）互别苗头。除了使用老藤葡萄树酿酒（老树产量低，通常不需施行减产的夏季绿色采收）、人工采收、以小竹篮盛装外，他也坚持马撒拉选种（Sélection Massale），即由葡萄农严选自家园区最佳母株复育新株，而非购买商业用无性繁殖系（Clone）植株，生怕黑皮诺（Pinot Noir）葡萄品系的多样性沦为牺牲品。

酿酒时，他完全去除葡萄梗，发酵前低温浸皮，使用100%新橡木桶，不过滤，不澄清，让木桶里的酒液在装瓶后依旧保持原貌、丝毫不差。这些方法在现在或许不足为奇，但在30年前的勃艮第，可是违逆传统的创举，尤其是当时前所未闻的发酵前低温浸皮，更被当地酒农传为笑谈。事后证明，现在许多酒庄都跟风采用此法，以萃取更佳的颜色及果香。

1999之谜

尽管《神之雫》只是漫画，但因情节贴近事实描绘，且人、事、时、地、物几乎都以真实故事呈现，因此大幅提高了其参考价值，被大多数读者奉为圭臬且深信不疑。不过笔者在

法国全国性大报《解放报》（Libération）于2009年3月28日大幅报道《神之雫》现象。

激赏这套优秀漫画之余，仍须提出一点补充。

《神之雫》第2集第40页提出一项质问，说是亨利·佳叶的传人，也就是其妻侄艾曼纽尔·胡杰（Emmanuel Rouget），1999年时因身患重病而未能酿酒，改由当时已退休的佳叶再度披挂上阵代酿。2008年笔者首次亲访胡杰时，证实他当时身体无恙，葡萄酒是由他本人亲酿。我看他黝黑个大，体壮如牛，应该少有病痛。也就是说，这是作者为了增加漫画剧情的悬疑张力而编出的娱乐桥段。胡杰还说，漫画作者的姊弟档是在漫画出版许久后，才首度登门拜访酒庄试酒。由于这攸关酿酒人的名誉及努力，身为胡杰的酒迷，笔者不吐不快。

一级名园·顶级品质

除了位于沃恩—罗曼尼（Vosne-Romanée）酒村的丽须布尔（Richebourg Grand Cru）特级葡萄园酒款外，另一众人追逐的佳叶代表作为同村的克罗·帕宏图一级园（Cros Parantoux Premier Cru）。由于后者占地仅1.1公顷（佳叶拥有约0.7公顷），年平均产量仅三四千瓶，酒质与许多特级园相较毫不逊色，因此声名远扬。

其实这块地自19世纪末受根瘤芽虫病侵袭后一直无人经营，20世纪30年代甚至沦为种植朝鲜蓟的菜圃，直到"二战"后的1951年，佳叶才购下这块位于丽须布尔上方园区的部分地块。当初他费了一番工夫才将所有扎根极深的朝鲜蓟拔除，加上园区地下有许多巨大如私家轿车的岩石，为了复植葡萄树，甚至用火药在园区地上炸了400多次，待地质松软后才于1953年种下第一批葡萄树。

德军占领期间，佳叶曾一度被德军征调担任潜水艇工厂的引擎技师，后来他以新婚妻子Marcelle Rouget得重病为由返乡探亲，此后即未曾归营而成逃兵。直到"二战"结束法国解放，佳叶才结束逃亡生涯。藏匿的两年期间，他最常食用的便是容易取得的朝鲜蓟，次数频繁到令其反胃。当他看到克罗·帕宏图美园竟植满朝鲜蓟时，应该咬牙切齿欲除之而后快吧！

葡萄酒谋杀案

佳叶在世时其美酿已一瓶难求，若非熟识的老客户，仅能被列入候补名单，等待购酒机会来临，恰似后宫佳丽三千，但临幸之福分如望穿秋水。法国作家毕佛（Bernard Pivot, 1935— ）便曾写就一篇名为《候补名单》的短篇小说，故事大致为：三起骇人听闻的谋杀案分别发生在三座城市里。葛皮雍探长发现死者都有一共同点——酒窖里都藏有亨利·佳叶的葡萄酒，于是探长跑到沃恩—罗曼尼酒村向佳叶打探消息。佳叶左思右想，给了探长一个长期列在候补名单上的名字，此人总在谋杀案发生的第二天致电佳叶，想取得被谋杀者未来的葡萄酒配额……

日前报载有"师奶杀手"之称的影星裴勇俊将担纲演出韩国版电视连续剧《神之雫》的男主角，并担任该节目的制作人。看来往昔只有资深酒迷才识得的亨利·佳叶、艾曼纽尔·胡杰等人物，在可预见的未来，他们的大名连师奶们都能朗朗上口了。🍷

亨利·佳叶享年84岁。

最具佳叶酿酒神髓
Domaine Emmanuel Rouget

1976年虽非勃艮第的极佳年份，只算中上之选，但对亨利·佳叶及其妻侄艾曼纽尔·胡杰（Emmanuel Rouget）而言，却是重要的转折点。这年亨利·佳叶决定自行在酒庄内装瓶，仅将少部分未装瓶酒卖给酒商（1978年后停售酒商装瓶酒，全数自行装瓶）；也因该年遇上丰收，亟需人手帮忙，佳叶见胡杰自机械技师学校毕业后工作不稳，于是将他找来充当助手，日子一久，胡杰才逐渐认定葡萄酒农是今生命定的工作。自该年份起，今日所识的亨利·佳叶风格始真正形成，前述的发酵前低温浸皮、使用全新橡木桶等酿酒方法，都是经多年实验后于1976年起全面施行的，其技术及风格臻至巅峰，奠定了一代伟大酿酒人的风范。

胡杰师承佳叶，这名从未接受与酿酒或葡萄种植学相关训练的庄稼汉，却有佳叶这位伟大酿酒师作为师父和精神导师，夫复何求！最好的学校便在酒窖和葡萄园里。除了酿酒，胡杰觉得习自大师的最珍贵处，在于品酒技巧及敏锐度的建立。

其实胡杰对葡萄园工作并不陌生，其双亲也是葡萄农，过去酿些简单餐酒。胡杰自10岁起便参与采收工作，酿酒方面承袭佳叶大师的所有方法，不过有两点甚至"超越"了佳叶。

胡杰的超越

其一，佳叶不管年份好坏及葡萄园等级差别，都将葡萄酒置于100%全新橡木桶中熟成，主要使用法国中部Tronçais森林木料所制成的

庄主艾曼纽尔·胡杰（Emmanuel Rouget）讲话沉缓，较为内向。

橡木桶。胡杰会因应年份差异重新思考酿酒方式。一般而言，胡杰会将特级葡萄园及一级葡萄园的酒款置入100%的全新橡木桶里熟成，而村庄级酒款则只使用50%的新桶。

遇上受到粉孢菌及冰雹双重夹击的2004年，胡杰在严选出健康、熟度够的葡萄后，了解到该年份在浓郁度上不应过度萃取，因此该年份全未使用新橡木桶，即使是顶级酒款如埃雪素（Echézeaux）或克罗·帕宏图（Cros Parantoux）也是如此，让人佩服他的直觉及果敢。毕竟许多酒农生怕年份较差，为了避免酒体羸弱，于是加强萃取，却可能因此萃出粗劣物质。

在木桶的来源选择上，胡杰使用木纹细腻的Tronçais森林木桶来陈年克罗·帕宏图一级葡萄园及同村的秀山一级园（Les Beaux Monts）酒款，而埃雪索特级园酒款及村庄级酒款则使用法国中部Allier森林的橡木桶，他认为以Tronçais桶陈年埃雪索过于强烈。2007年的夜·圣乔治（Nuits-Saint-Georges）村庄级酒款首次引进法国东北孚日山脉森林木桶，且使用100%的新桶，效果不错。不过他认为桶厂熏桶略为过度，因此列为下回改进的要点，可见得胡杰是位懂得思考的优秀酿酒人。

第二，佳叶虽然在葡萄园里严选葡萄，但当葡萄进入酒厂后即未再筛选，而胡杰则会在葡萄汰选输送带上再筛选一次。佳叶的另一名爱徒让—尼可拉·梅欧（Jean-Nicolas Méo）受访时也曾提到这点，并指出佳叶属于经过"二战"蹂躏、苦过来的一代，惜福之人自是不可能浪费，因此佳叶不做绿色采收（夏季时剪去绿色葡萄串，以提高剩下果串的品质），也不

做第二次汰选。

然而有两点须先做说明。首先，虽然未经二次汰选，但由于佳叶采取老藤政策，只采用马撒拉选种法（Sélection Massale），因此原本产量就不高，葡萄果实风味浓郁集中，加上整枝系统较短，因此葡萄原料品质毋庸置疑。其次，在佳叶退居二线成为酿酒顾问后的20世纪90年代初，葡萄汰选输送带较为普遍可得之际，他也大力赞扬这项新设备的优点。其实在沃恩—罗曼尼酒村内，佳叶是买下汰选输送带的第二人，仅晚于罗曼尼—康帝庄园一步。时代不同，胡杰如能青出于蓝，也是预料中事。

百无一用的葡萄梗

胡杰追寻佳叶的酿酒哲学，发酵桶里也完全不加葡萄梗，他认为早期酿酒人未去梗是因当时去梗机尚未发明，为求方便所致。加上当时也因酒汁与果皮果肉间有葡萄梗，可隔离出

1. 胡杰指出，橡木桶制造厂的灵魂人物是熏桶师，而一家桶厂仅有一两位经验老到的熏桶师。与师父佳叶不同的是，胡杰只在最佳年份使用100%的新桶。

2. 2005年份的Echézeaux浓郁、结构佳，2004年份的Echézeaux则有特殊白柚及花香，非常迷人。

1

2

3

4

1. 拍摄所站地点为克罗·帕宏图一级园（Cros Parantoux），有特级葡萄园的实力。中坡为丽须布尔特级园（Richebourg Grand Cru）。远处村庄即为沃恩－罗曼尼（Vosne-Romanée）酒村。

2. Vosne-Romanée 1er Cru Cros Parantoux酒质更胜同庄的Echézeaux。

3. 右边这款Echézeaux虽在酒标上方标示Domaine Georges Jayer，其实是由艾曼纽尔·胡杰（Emmanuel Rouget）所酿造，并非由亨利·佳叶（Henri Jayer）所酿。

4. 左为Nuits-Saint-Georges村庄级酒款，右为Vosne-Romanée Premier Cru Les Beaux Monts一级葡萄园酒款。

一些小空隙，方便控制发酵温度，让桶里发酵温度不致骤然升降，同时有利于稍晚分离皮渣与酒液时的速度。

偏爱使用易保温的水泥槽发酵桶的胡杰认为，许多酒庄加入的葡萄梗根本未成熟，只是绿梗，如此只会增加酒的粗涩感。而他酿酒30年来，在本区仅见过2003年的葡萄梗真正成熟转成褐色。据他观察，即使是爱用葡萄梗的罗曼尼—康帝庄园，加梗的比例也应该没有该庄所宣称的那么高，因为两庄的埃雪索葡萄园紧邻，而各庄的葡萄梗熟度，胡杰其实尽看在眼中。

佳叶盛名之累

亨利·佳叶有两位兄长，分别是乔治·佳叶（Georges Jayer）及路西安·佳叶（Lucien Jayer），三人都自父亲处继承了几块葡萄园，早期都是由亨利·佳叶负责酿酒，三人再以各自大名分贴酒标。20世纪80年代晚期，这些酒的幕后酿酒人已是胡杰本人，但还是由亨利·佳叶负责指导。

1985年乔治·佳叶退休，1989年路西安·佳叶也身退，由胡杰接手葡萄园继续酿酒；1995年亨利·佳叶也跟着退休，于是胡杰接手三位姑父的葡萄园继续酿酒事业（目前三位都已亡故）。须先说明胡杰是接手而非继承。佳叶三兄弟仅生女儿，四位女性继承人都无心酿酒，因此目前是由胡杰付租金给亨利·佳叶及路西安·佳叶的女儿租地酿酒，这种单纯的租约关系称为"Fermage"（地租）。他与乔治·佳叶独生女的合作关系则为"Métayage"（无偿佃农），胡杰须上缴一半的成酒给她，她或自用或以Domaine Georges Jayer的酒标售酒（其实装瓶和出售都是由胡杰一手包办，只收取部分手续费）。因此目前市面上还有新年份酒款出现的仅有Domaine Emmanuel Rouget及Domaine Georges Jayer。

近来有进口商引进2004 Echézeaux, Domaine Georges Jayer（其酒标下方还标注Elevé et vinifié par E. Rouget，意思是由胡杰本人亲酿），却宣称是由亨利·佳叶酿造的价格高的酒款。实则

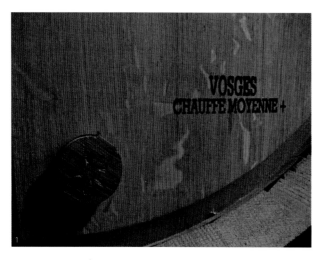

1. 胡杰自2008年起开始使用法国东北孚日山脉森林木桶，其纹理细腻，适合陈酿好酒。

2. 胡杰家里养鹅养鸡（住在后头空酒桶里），自给自足。鹅群遇见陌生人便呱呱大叫，有如看门狗。

1. 夜·圣乔治（Nuits-Saint-Georges）酒村一景，该村观光客较多。胡杰原住此村，在小房舍里酿酒，后才搬到Flagey-Echézeaux村酿酒，那里地方较宽敞，酿起酒来也较顺手。

2. 本庄酒窖相当简朴，由于不是位于地下深处的酒窖，夏天须开冷气保持凉爽，冬天则有多处滴水。然而胡杰克服万难，酿出了举世钦羡的上等酒质。

不然，因为乔治·佳叶自1985年退休后，便将埃雪索葡萄园让给胡杰酿酒，这也是胡杰本人酿造贴标的首年份埃雪索。该进口商也同时引进2004 Echézeaux, Domaine Emmanuel Rouget，价格略低于上述的2004 Echézeaux, Domaine Georges Jayer，其实两款都是由胡杰所酿，基本上地块亦同，然而价格却有高低之别。

首先须厘清的是，佳叶三兄弟都自父亲处继承了埃雪索特级葡萄园，但此园又细分成多块园地，其中乔治·佳叶的埃雪索来自Les Treux及Les Cruots，路西安·佳叶的来自Les Treux，而亨利·佳叶的则来自Les Cruots，从前都是各自装瓶。胡杰表示，Les Treux地块土层较厚多石，所产葡萄酿成的酒款虽然细腻，但略欠丰满；Les Cruots的土层较浅，酒质较坚实丰美浓郁，兼具细腻口感，因此相较起来，Les Cruots优于Les Treux。

目前Emmanuel Rouget及Georges Jayer两款埃雪索，都是由上述两块园地葡萄酒相混而成的，因此兼具最均衡的特质。然而就像大多数佃农一样，胡杰把相对较好的葡萄酒以自己的名字装瓶，一样优质但结构略差的酒装瓶为Domaine Georges Jayer。同时Emmanuel Rouget的埃雪索都以全新木桶陈年，而Georges Jayer的埃雪索则通常以胡杰已用过一年的旧桶来陈年（强劲的2005年除外，以新桶陈年），从其陈年处理方式即可见酒质高下。拜酒友朱立安先生之赐，上述两款2004年的埃雪索笔者都曾饮过，风格相近，以Domaine Emmanuel Rouget名号装瓶的酒款，因结构、陈年潜力较强，香气目前不若Domaine Georges Jayer般盛放（些微差别），但15年后再比，笔者认为以胡杰名号装瓶者必将胜出。为何Georges Jayer的埃雪索在中国台湾的标价较高？胡杰淡然一笑："只要标

有Jayer字样，市价自然水涨船高，其实两款酒出厂售价一样。"至此，挑酒该如何下手，各位看官应自有定见了。

虽然胡杰得自佳叶真传，但却命中注定巨人的庇荫终将成为阴影，挥之不去。胡杰有两子，一名刚自酿酒学校毕业，一名还在就读葡萄种植学校，问到其以后是否会联手建立像是"胡杰父子园"的酒庄，胡杰摇头。他盼其子自创名号。想来，这何尝不是胡杰长期受佳叶严师指导，却苦无自我认同的反应？连漫画都要搭佳叶大师的顺风车，硬扯出胡杰生病无法酿酒的桥段，好为佳叶生平再添一页传奇。🍷

Domaine Emmanuel Rouget
18, route de Gilly
21640 Flagey-Echézeaux
France

酒庄车库，里头为农耕机。

酒庄园圃，前为焚烧葡萄枝的推车，后有拔除的葡萄园旧桩，成叠堆放。

柔美化的佳叶风格
Domaine Méo-Camuzet

　　亨利·佳叶自"二战"结束后，便替卡慕赛（Camuzet）家族酿酒，采用无偿佃农（Métayage）的合约方式，须将每年酒酿的一半缴于地主。后来的卡慕赛家族继承人玛莉·卡慕赛因膝下无子，遂将酒庄传给表弟让·梅欧（Jean Méo），随后成立了梅欧－卡慕赛庄园（Domaine Méo-Camuzet）。然而身兼石油勘探工程师及欧洲议会议员等多重身份的让·梅欧事业繁忙分身乏术，酒庄经营非其事业重心，包含亨利·佳叶在内的三位佃农所上缴的酒，他大多整桶卖给酒商。这种情况一直维持到20世纪80年代中期，因税制改变，拥有佃农的地主赋税沉重难以负荷，到了若不卖掉酒庄，便得成立企业自行酿酒，借以节税求生存的关键时刻。

　　这时家里的唯一年轻男丁让–尼可拉·梅欧（Jean-Nicolas Méo），也就是让·梅欧之子，了解到家族拥有的葡萄园都是沃恩－罗曼尼（Vosne-Romanée）酒村的精华地块，而两位姊姊都已有个人事业、无心接续家业，他在获得巴黎高等商业学校文凭后，进入第戎大学取得酿酒及葡萄种植文凭，甚至远赴加州酒厂实习，终于在1988年末毅然接下酒庄经营重任。当时亨利·佳叶的佃农合约已经到期，且也到了退休年龄，让–尼可拉便决定不再续约，但仍聘佳叶为酿酒顾问，其实两人关系较像师徒。自此让–尼可拉根据佳叶的酿酒哲学继续产出高水准酒款，并在短短十几年内，将梅欧－卡慕赛酒庄提升为勃艮第的明星酒庄。

1. 庄主让–尼可拉·梅欧（Jean-Nicolas Méo）。前为克罗·帕宏图一级园酒款（Cros Parantoux）。

2. Nuits-Saint-Georges, Premier Cru aux Murgers口感集中优雅，是笔者推荐的优质酒款之一。

3. 梅欧－卡慕赛兄妹园（Méo-Camuzet Frères et Soeurs）所酿造的初阶Fixin酒款，也有极佳的品质。

葡萄农在Nuits-Saint-Georges, Premier Cru aux Murgers园里工作的情形。

由左至右分别为：Clos de Vougeot、
Echézeaux、Richebourg及Corton四种
酒款。

柔美的变奏曲

基本上，佳叶及胡杰的风格较相似，梅欧－卡慕赛的酒款则较柔美。本庄夏季时实行绿色采收（Vendange Verte），秋季葡萄采收后，让－尼可拉会再经过葡萄汰选输送带的挑选（依年份及园区不同，有5%～20%的葡萄会因品质未达理想而遭到舍弃），100%去除葡萄梗，发酵前低温浸皮约5天。相较师父佳叶，让－尼可拉采取较少的踩皮萃取动作，平均一款酒的酿造期间约减少4次踩皮，这或许就是其风格较阴柔芬芳的缘故，装瓶前也不进行过滤或澄清。此外，相较胡杰，梅欧－卡慕赛的酒款于木桶陈年的时间略短，约少3个月，因此较早装瓶。以年轻酒款而言，举两庄同年份的克罗·帕宏图一级园为例，胡杰版本较为圆熟丰润易饮，而梅欧－卡慕赛版本则较封闭，香气细腻清幽，不似前者果香于幼龄之际就已引人垂涎不已。

让－尼可拉指出，发酵前低温浸皮，乃由佳叶大师观察到，冬季低温时葡萄延后几天发酵，会产生葡萄内部初期轻微自体发酵的现象，不仅能增加酒色酒香，也能提高酒里的甘油含量，让口感更为滑顺。佳叶当初使用此法时，被视为异端而遭其他酒农讪笑，如今却成为当地普遍酿酒程序之一。

自1996年起，梅欧－卡慕赛仅在其特级葡萄园酒款使用100%新橡木桶，与往昔佳叶的做法不同。除了以法国中部森林为材料的橡木桶外，他还使用一小部分匈牙利橡木桶。问他哪些酒款使用外国桶，他并不愿说明，只说："使用每桶平均便宜10欧元的匈牙利桶并非为了省钱，而是大家对于匈牙利桶有成见。匈牙利桶很适合酿造酒体结构较为扎实的酒款，可让酒体变得较圆润。"

梅欧－卡慕赛酒庄自有葡萄园为15公顷，其中面积最大者为特级葡萄园梧玖庄园（Clos de Vougeot），共约3公顷，就位于梧玖城堡正

1. 酒窖。

2. 老庄主让·梅欧及其子让－尼可拉·梅欧正在检视梧玖庄园的
   葡萄树，后为梧玖城堡。

下方（此地块称为Les Chioures），算是总面积50公顷的梧玖庄园里最多访客参观的地方，为其招牌酒款，也是各款特级葡萄园酒款中最早熟易饮的一款。然而梅欧—卡慕赛最受瞩目的酒款，反而是克罗·帕宏图一级园，该庄仅有0.3公顷园地（另约0.7公顷由佳叶之女所有，现由胡杰租用酿酒），产量每年仅约千瓶，加上此园由大师佳叶所开创，因此极为抢手。克罗·帕宏图采用中央山地Bertrange森林木桶培养，其木纹质地细密，培养出此酒的独特气质：入口丰润，中段潜伏清幽酸度，力道足，风味复杂度高，仅有本庄丽须布尔特级园酒款能够压住其气势。

当初三位代耕的佃农，自2008年最后一位Jean Tardy退休后，目前梅欧—卡慕赛酒庄已全数将外租葡萄园收回自耕。其实自20世纪90年代中起，让—尼可拉便积极管理外租出去的葡萄园，使酒庄各酒款间的风格差异日益缩小。此外，1999年让—尼可拉还设立酒商部门，成立梅欧—卡慕赛兄妹园（Méo-Camuzet Frères et Soeurs），以购来的葡萄酿酒，再贴标出售。虽为外购葡萄，然而酒庄亲自控管葡萄园种植，派遣庄农手工采收，以确保最后酒质，因此即使是基本款的Fixin村庄级酒款，也有一定品质，日常饮酒佐餐实已幸福之至！🍷

Domaine Méo-Camuzet

11, rue des Grands Crus,

21700 Vosne-Romanée, France

Website: http://www.meo-camuzet.com

1. 春季时许多酒庄会派人将患病的葡萄树拔除，以植新树。
2. 丽须布尔特级园（Richebourg Grand Cru）秋景。

part **VII** 超级托斯卡纳
Super Tuscan

超级托斯卡纳现象的再超越

身为全球最资深的葡萄酒酿造国之一的意大利，直到20世纪50年代，都还仅将葡萄酒当做日常佐餐的解渴饮料，酒质粗糙，丹宁酸涩，大众也都视其理所当然。一直到名记者维诺内利（Luigi Veronelli）的出现，才让意大利社会开始正视此现象。维诺内利长期关注社会议题，也对美食美酒相关论题提出评议，1957年撰写了一系列关于意大利葡萄酒优质化的看法，强调其在美食中应扮演的重要角色。诤文一出，酒界回响立刻如涟漪般广泛散开。1963年意大利葡萄酒法规的制定施行，维诺内利可以说是重要的推手。

当时的品质分级有三，分别是最高级的保证法定产区DOCG、法定产区DOC及最普通的日常餐酒Vino da Tavola。意大利政府想复制法国的AOC法定产区制度，但成效不彰。就如法国前总统戴高乐（Charles André Joseph Marie de Gaulle, 1890—1970）所叹：“治理一个生产超过400种奶酪的国家，简直难如登天。”那么，生长有1500种以上葡萄品种的意大利，出现“上有政策，下有对策”的情形，似乎早可预期。

虽然法定产区制度规定了葡萄品种的使用，不过许多酒农却依然故我，按照其传统及喜好酿酒，并将酒酿申请列为管制最宽松的Vino da Tavola等级。另外一批酒农则无视传统，如位于托斯卡纳（Tuscany）西边靠海的Tenuta San Guido酒庄，便立志酿出如法国波尔多般的高级酒款，采用外来波尔多品种〔如赤霞珠（Cabernet Sauvignon）〕，并于1968年推出

Sassicaia酒款，申请列级为Vino da Tavola。

Sassicaia酒出现后，继之有安提诺里（Antinori）家族酿造的Tignanello酒款面世〔酒庄位于古典奇扬替（DOCG Chianti Classico）产区〕。由于两者品质杰出，风味迥异以往，虽售价远高于DOCG等级酒款，却依然声名大噪广受欢迎，风潮初起即传捷报。酒庄遂将这种不依品种规定、严选成熟葡萄、以类似波尔多225升小型橡木桶熟成、新鲜果香丰沛、酒色深浓的优质酒款，命名为“超级托斯卡纳”（Super Tuscan）。

之后“超级托斯卡纳”酒款蔚为风潮，新兴酒款如雨后春笋般出现，酒质超群，却列入政府规定的最低层Vino da Tavola等级，不啻是对意国法规的嘲弄和讪笑。为了解除如此窘境，有关当局于1992年另定意大利地区餐酒Indicazione Geografica Tipica（IGT）等级，将不符法定产区规定的“超级托斯卡纳”酒款归为IGT，稍稍放宽制度的框限及不足。Sassicaia酒款甚至于1994年获得政府认可，划分成专属的DOC Bolgheri Sassicaia法定产区。

现况的再超越

超级托斯卡纳当时超越古典奇扬替的法规限制及酒质表现，但超级托斯卡纳现象却也连带迫使有关当局对DOCG法规进行反省。经过几次修法后，目前古典奇扬替不必再添加白酒品种，而以100%的山吉欧维列（Sangiovese）黑葡萄来酿酒，或混合传统的卡奈欧罗

图为20世纪初安提诺里（Antinori）家族酒业的工作人员于安提诺里宫殿（Palazzo Antinori）前摄影。马车上承载数量惊人、以稻秆包覆的宽肚奇扬替酒瓶。这类酒款给世人便宜清淡粗酒的形象，然而一个世纪后，此区酒质进步神速，功臣之一即为庄主皮耶诺·安提诺里（Piero Antinori）。

（Canaiolo）、科罗里诺（Colorino），甚至波尔多几个葡萄品种来进行酿造（除了山吉欧维列外的红葡萄品种总比例不得超过20%）。

此外，拜赐于超级托斯卡纳现象，托斯卡纳地区其他酿酒人开始反思提升酒质之道。"古典奇扬替酒业公会"自1989年起开始督导"古典奇扬替2000"（Chianti Classico 2000）计划，目的在于辨识出品质最佳的山吉欧维列品种的多款无性生殖系，即有较厚的葡萄皮、较高的丹宁及色素含量、葡萄颗粒生长较为疏松（使葡萄易于吸收阳光，以利进行光合作用）。由于山吉欧维列葡萄品质大幅增进，许多酒农已不再添加当地科罗里诺或赤霞珠等国际品种来增色添味，因此出现许多100%的山吉欧维列风土醇酿。而同一时间，超级托斯卡纳酒款的酿造热潮消退，一消一长，对于托斯卡纳甚至整个意大利来说，都是个可喜且值得深思的现象。

因此可以说，超级托斯卡纳的出现，让其生产地奇扬替及古典奇扬替的酒质大幅超越过去。如此演变真是始料未及，但绝对可喜可贺。后文对于安提诺里家族酒庄及欧瑞纳亚（Ornellaia）酒庄的介绍，相信读者可因此对超级托斯卡纳和因其而起的"酒质文艺复兴"酒款有个全盘的认识。🍷

Ornellaia酒款的各年份软木塞。

意大利6世纪酿酒传承
Antinori

自1385年起，安提诺里家族在托斯卡纳（Toscany）地区种植葡萄、酿酒已长达600多年。目前第25代掌门人皮耶诺·安提诺里（Piero Antinori）膝下有三个女儿协管酒庄，让其葡萄酒事业版图不仅在托斯卡纳称霸一方，也让疆域扩展到意大利中部的翁布里亚（Umbria）、南部的普利亚（Puglia）、西北的皮埃蒙特（Piedmont）及北部的法兰契亚寇塔（Franciacorta）产区，甚至还在匈牙利、马耳他岛、智利及美国加州投资酒厂。

时光奔逝，距上次采访两年又过，这个积极活跃、在意大利声望鼎盛的酿酒家族已有了新的发展。首先，总裁皮耶诺·安提诺里获颁"2007年终生成就奖"的荣誉，而颁奖单位是全球最享誉盛名的英国葡萄酒大师协会（Institute of Masters of Wine），嘉许皮耶诺对意大利酒业的贡献。另一项让酒迷惊讶的发展是，安提诺里与美国华盛顿州规模巨大的圣米歇尔葡萄酒集团（Ste Michelle Wine Estates），于2007年共同购下加州纳帕谷（Napa Valley）的鹿跃酒窖（Stag's Leap Wine Cellars）。谁是鹿跃酒窖呢？就是在"1976年巴黎品酒会"（1976 Paris Tasting）上击败法国波尔多五大酒庄中的木桐堡（Château Mouton Rothschild）及欧布里雍堡（Château Haut-Brion）的传奇酒庄，但因庄主温尼亚斯基（Warren Winiarski）老迈后继无人，因此酿酒传奇只得拱手让出。现任庄主皮耶诺表示："购得具有传奇历史的葡萄园，机会一生只有一次，我非常期盼能更加熟悉鹿跃酒窖的每寸土地以大展身手。"鹿

山吉欧维列（Sangiovese）黑葡萄。

跃酒窖到手，为安提诺里的酒业版图抢下具有指标意义的滩头堡。

第26代三女将接班

皮耶诺·安提诺里膝下无子，却有三位肯干实干的女儿，分别是大女儿阿比耶拉（Albiera）、二女儿阿蕾格拉（Allegra）及三女儿阿蕾西雅（Alessia）。二女儿阿蕾格拉醉心厨艺，因此安提诺里家族在佛罗伦萨（Florence）、维也纳及苏黎世所设立的安提诺

里酒窖餐馆（Cantinetta Antinori），都由她一手设计菜单，掌管餐厅营运，甚至连种菜、养鸡，橄榄的种植、采收及橄榄油的压制，都由她统筹；三女儿阿蕾西雅负责翁布里亚、法兰契亚寇塔地区的酒庄营运，以及赴国外推广葡萄酒，曾经来中国台湾数次。而接受笔者采访的则是精明贤淑的大女儿阿比耶拉。

安提诺里家族的核心酒庄位于离佛罗伦萨约一小时车程的古典奇扬替（Chianti Classico）产区，称为"提那内诺酒庄"（Tenuta Tignanello）。在酒庄里的起居室，阿比耶拉和我一同品啖本庄在北意法兰契亚寇塔地区以香槟法酿制的气泡酒Montenisa Brut，其品质与法国优质香槟相较不遑多让，精巧丰腴，搭配本庄两天前鲜压的橄榄油沁渍面包块，醒脾开胃后谈话兴头便起。"父亲对我采取无为而治的态度。高中时，他问我将来想做什么，我漫无边际讲了十多样，他却说既然头绪不明，暑假就来酒庄玩玩，算是帮忙。"她嘴角泛笑，"这一帮，中了酒蛊于无形，总是乐在其中。""您的两位公子也对酒庄营运感兴趣吗？""他们正进入青春叛逆期，若给他们太大压力，反倒适得其反。"她的神情轻松自信。我暗地自忖，安提诺里家族子孙自是不敢轻言离弃第27代传人的使命。

传统中的不羁

安提诺里家族早在20世纪20年代就已实验性地引进法国的优质品种，如赤霞珠、霞多丽（Chardonnay）、黑皮诺（Pinot Noir）等，更于1905年着手生产气泡酒自用。而皮耶诺·安提诺里在目睹叔父马里欧侯爵（Marchese Mario Incisa della Rocchetta）以赤霞珠等波尔多品种酿出现代意大利酒款Sassicaia，受到国际酒评的高度赞誉后，立即随之跟进，于1971年推出首年份的Tignanello酒款。因酒里掺有部分赤霞珠品种，无法被冠上保证法定产区DOCG的字样，因此只属地区餐酒IGT等级。然而因其品质高超，因此无损声誉及酒价，仍睥睨官方呆滞法规，一上市价格约130美元，自此开启超级托斯卡纳（Super Tuscans）的风潮。

1978年提那内诺酒庄的赤霞珠葡萄生产丰收，于是用来酿出另一款单一葡萄园酒款

Badia a Passignano修道院，1000年前即以酿制葡萄酒闻名，目前酿酒重责则由安提诺里家族接续，同名酒款是古典奇扬替产区相当杰出的一款。

1

2

3

4

1. 由左至右为本庄的Solaia、Marchese Antinori、Badia a Passignano 及Tignanello酒款。

2. Muffato della Sala甜白酒。

3. Villa Antinori红酒混合了意大利与法国品种。

4. 古时佛罗伦萨贵族如安提诺里，都会在托斯卡纳乡村拥有农舍及 酒庄，也会在佛罗伦萨市中心设立小铺，销售其农产品。此为 旧时安提诺里宫殿的农产品销售交易窗口。

Solaia，其中赤霞珠占了绝大比例。甫一推出，回响赞誉纷至沓来，于是成为本庄顶级旗舰酒款。初上市的价格约200美元，经几年光阴培养，陈酒愈香，索价300美元已非罕事。此酒也列入IGT等级。

梅迪奇之泉

目前意大利农业观光潮流正盛，安提诺里也在提那内诺酒庄旁建立了梅迪奇之泉（Fonte de'Medici）农庄，作为绝佳的假日度假处所。农庄景观辽阔，正对着Tignanello及Solaia两块著名葡萄园，朝日晚霞，气象瞬息变幻，尤其秋季光影细腻柔美，过客住宿一晚绝对难忘，若能待上一周，真要乐不思蜀了。庄内泳池映照着蓝天树影，网球场挥拍厮杀就在Tignanello葡萄园山坡下，附近还设有登山环景步道，也可骑马漫游，气宇轩昂不可一世。倘若嫌烤肉麻烦，附设的Trattoria della Fonte餐厅也供应地道的一流托斯卡纳乡村菜色，佐以酒庄各式令人目不暇给的优质酒品，惬意至极。

再不，想懒赖在古朴却质感绝佳的农庄住房里，可尽管请主厨到房里为您及游伴私家开火烹食。各房都设有齐备厨具，不过必定要告知您的房号，房号并非号码，而是葡萄品种或橄榄品种名称。就怕您支吾其词，因葡萄品种名称纷呈怪奇而发出服务人员听不懂的南腔北调，产生误会；笔者住在维门替诺（Vermentino），白葡萄品种房号。

晚间，当笔者正在Trattoria della Fonte大快朵颐享用黑胡椒红酒炖牛肉之际，听到身后玻璃落地窗发出嚓嚓吱吱的微响，回头猛一看，竟是只模样可爱的小狐以前趾轻敲玻璃，尾巴左摇右摆。一会儿，主厨抓了块带骨牛肉小块，拉开窗门，丢给看来熟门熟路的幼狐。它静静啃着，不时好奇地盯着笔者看。在淡季的托斯卡纳深秋，我的饭友是狐，不是人。

正面三角形的葡萄园为Tignanello，右边为受日照更多的Solaia葡萄园。

1

2

3

1. Badia a Passignano修道院本身其实是防御性城堡，周围满绕松
   柏，战略位置重要。

2. 梅迪奇之泉农庄的阳台，游客在此做日光浴之余，葡萄园美景
   （Tignanello及Solaia）也尽收眼底。

3. 安提诺里在翁布里亚省的Castello della Salla酒庄。

Badia a Passignano修道院的地下酒窖。

安提诺里宫殿500年风华

位于佛罗伦萨市中心、文艺复兴时期建筑代表作的安提诺里宫殿（Palazzo Antinori），是中世纪许多官方建筑的仿效典范。过去500年来，它一直是安提诺里家族的居所兼办公总部，无论酒痴与否，既然来到佛罗伦萨的艺术重镇乌非兹美术馆（Galleria degli Uffizl）朝圣，也定要抽空前往5分钟脚程的安提诺里宫殿，以临赏其建筑之宏伟。宫殿入口往右，还有安提诺里酒窖餐馆，古色古香的小酒馆形态令人发思古之幽情。在鹅黄色灯光下的餐桌坐定，盘中飧，杯中酒，都出自安提诺里家族农庄，让你体验意大利最古老酿酒家族的魅力，感觉美好极了！🍷

Marchesi Antinori Srl
Piazza Antinori, 3
50123 Firenze, Italy
Tel: +39 (055) 235 9848
Fax: +39 (055) 235 9877
E-mail: antinori@antinori.it
Website: http://www.antinori.it/eng/index.php

1. 在Badia a Passignano修道院旁，安提诺里开设有Osteria Badia a Passignano餐馆，里头有家族所有酒款，任君选择。

2. 梅迪奇之泉农庄的客房一角。

3. 安提诺里宫殿是中世纪许多官方建筑的模仿典范。

4. 安提诺里家族第25代掌门人皮耶诺·安提诺里（Piero Antinori）侯爵。

2

3

4

托斯卡纳滨海名庄
Tenuta dell'Ornellaia

事隔多月忆起这段秋末旅程，依旧犹感艰辛，不过过程极有意思，让人视界大开。将托斯卡纳1：250000的地图摊在桌上，原本平整的折叠地图却皱褶似有巅峰谷壑。"立体地图"的形成，乃因途中忽逢大雨滂沱，行装尽湿；也因一路上须按图索骥，以免在山区迷失方向，屡屡取出地图对照东西南北方位，终究躲不过泼辣雨势，湿了又干，干了又湿，地图于是成了此次酒庄参访旅行的最佳注脚。依图所示，顺着佛罗伦萨出城南行，上了山道，九弯十八拐，加上七七四十九曲折，经5小时车行，终于到达目的地欧瑞纳亚酒庄（Tenuta dell'Ornellaia）。

因为驾的是敞篷车，因此地图遭雨润泽？不，笔者乃无恒产之文字工作者，自然租不起这等美车，与驾驶BMW或奔驰的他国富婆豪绅一同徜徉于托斯卡纳山区。笔者平日极少驾

车，加上对意大利道路及各类标志并不熟悉，不敢只身租车前往，于是在意大利文艺复兴名城佛罗伦萨租了辆125CC速克达，带张地图便动身。途中风云变幻，时而秀丽明媚，时而乌云压顶。

行经山区罗马古城弗尔泰拉（Volterra），算是本区的制高点；接着随速克达空转下滑，嗒嗒的马达声回响于山际，气温也渐次回升；再后来则是比波娜（Bibbona）山区环绕下的博给利（Bolgheri）葡萄酒产区，国际知名的欧瑞纳亚酒庄即坐落于此。天清气朗时，这滨海一角可遥望当年拿破仑遭放逐的艾尔巴岛（Elba）。

虽然名列国际级名庄，该庄行事作风却极为低调，一路上少有路标，更无酒庄行进指示。笔者如无头苍蝇般骑车乱窜，险些因弯路旁的碎沙石滑倒。约一个半小时后，终于来到

1. 本庄葡萄园。当地风土极适合种植法国波尔多葡萄品种。

2. 葡萄园里的波尔多品种：品丽珠（Cabernet Franc）葡萄。

Ornellaia酒庄陈年酒窖。酒庄目前已转卖给托斯卡纳Frescobaldi酒业家族。原庄主洛多维寇·安提诺里
（Lodovico Antinori）则和哥哥皮耶诺·安提诺里（Piero Antinori）于2005年共创了同产区新厂Campo di Sasso。

隐秘的酒庄前，"欧瑞纳亚酒庄"几行小字标在铁门旁。"您电话上说会迟到……了解，您的坐骑不是'哈雷'，了解了解……"酒庄公关人员如此开门见山地寒暄，还真让笔者脸上无光，毕竟骑速克达来访的国际记者大概仅此一人吧。跃下那台意大利制的速克达，提了相机脚架跟进品酒室，对总经理暨总酿酒师拉斯皮尼（Leonardo Raspini）进行访问及试酒。

超级托斯卡纳典范

约莫40年前，意大利制酒方式仍属日常饮料形态，以量产为主，品质为次，而如法国波尔多产区的国际级明星酒厂，当时尚未出现。在见到姨父马里欧侯爵（Sassicaia酒庄创始人）及兄长皮耶诺·安提诺里（Tignanello酒庄庄主）的成功事迹后，洛多维寇·安提诺里（Lodovico Antinori）也决意在酒界一展身手。

洛多维寇原属意在加州酿酒，但在继承母亲留下的位于博给利产区且离Sassicaia不远的园区后，便在1981年建立欧瑞纳亚酒庄，并于4年后推出首年份的同名酒款Ornellaia。

Ornellaia仿效前述超级托斯卡纳的做法，采用波尔多品种，以小型橡木桶陈酿，但因不符当时法规，因此一开始仅被列为日常餐酒Vino da Tavola等级。然而此酒一出，立即受到各界推崇，美国《葡萄酒观察家》（Wine Spectator）杂志将1990年份的Ornellaia评为95分（总分100），其地位从此确立，超级托斯卡纳另一经典之作亦于焉诞生。荒谬的是，如此"低等级"酒款，品质却远超过一般列级较高的意大利酒。为了解决此尴尬窘境，有关当局便于1994年专为此类红酒新设DOC Bolgheri Rosso法定产区等级。其实DOC Bolgheri法定产区在1984年即已存在，但当时仅规范白酒及粉红酒。

此为博给利（Bolgheri）葡萄酒产区的著名地标Castello di Bolgheri城堡，后头的环山可挡住托斯卡纳内陆较寒的气温。

1. 以二军酒Le Serre Nuove搭配"风干牛肉佐野生苦菜及帕玛奶酪"，滋味层次纷呈，极好。

2. 本庄橄榄油量少质精。

3. Ornellaia所产渣酿白兰地。

4. 本庄于2002年份酿造过程中加装第二台葡萄筛选输送带，严选葡萄，酒质超群。

靠山面海的完美气候

　　酒庄总酿酒师拉斯皮尼解释，本庄葡萄园距海不过2千米，属地中海型气候，夏季气温高，晚间有海面凉风吹拂让园区免于旱热。如此有助于葡萄日间完美熟成，晚间又能借由温差，保有清爽酸度以酿制均衡酒款。冬天时周围的比波娜环状山脉则能阻挡来自托斯卡纳较内陆地区的冻寒空气。在此特殊微气候里，酒庄还将园区划分成许多小区块，然后依照品种、地块土壤、树龄分批采收，再分批酿制，在橡木桶中熟成后再行混调不同批次，成为有年份特质兼有酒庄固定特色的酒款。

　　1997年起，本庄也产制二军酒Le Serre Nuove。仅有品质最高的酒液才有殊荣获选装瓶成正牌的Ornellaia酒款，其余则装瓶为二

军，因此自1997年起，Ornellaia酒款的品质更臻稳定。二军酿法其实与Ornellaia如出一辙，葡萄原料也出自同一块地，通常是在桶储熟成一年后，经过酿酒师逐桶品鉴，将陈放潜力特佳、结构坚实的桶次调和装瓶为Ornellaia；之后才将口感较软熟、果香奔放，可较早饮用的桶次挑出，装瓶成Le Serre Nuove。此外，本庄还酿制一款珍稀顶级酒款Masseto，以100%梅乐（Merlot）葡萄酿成，市面少见，年产仅约3万瓶，一出厂售价就要330美元以上，是招牌酒Ornellaia的双倍价，乃意大利最优质的纯梅乐品种酒款，为爱酒人及收藏家竞逐的品项。

　　采访当日于酒庄用完午膳，还品饮了本庄出品的渣酿白兰地（Grappa）。经桶储18个月，口感厚实甜润，属中上层次品质，在日本颇受欢迎。然而让笔者难以忘怀的还有酒庄周

1. 由右至左分别是招牌酒Ornellaia、顶级稀罕的Masseto及品质优秀的二军酒Le Serre Nuove。

2. Le Volte以采自地中海沿岸的优质葡萄为原料，再以先前陈年过Ornellaia或Masseto酒款的3年旧桶进行熟成。

酒庄一景。

边产品——新年份的特级初榨橄榄油，以摩拉优洛（Moraiolo）品种为主，果香奔放，中段略辛辣刺激，是有个性的好油。整个园区仅有2000株橄榄树，量少质精，极为稀珍。

在博给利葡萄酒产区的海天一角，没想到除了举世知名的葡萄美酒，还有猛烈醇厚的渣酿白兰地及清鲜橄榄油。再往酒庄西边闲步而去，还有蓝天、白浪及细腻的黄沙滩。下回应换个季节寻访美酒，意想及此，夏日海边人群的嬉闹笑语已犹然在耳。🍷

1. 酒庄采收葡萄时，除了园里已筛选过一次，进厂酿酒前还会经筛选输送带再次筛选以确保最佳品质；而且精筛Masseto葡萄园原料的工作都由细心的女士们担任，这些幕后功臣被称为"马赛托女士"（Donne Del Masseto）。

2. 总酿酒师拉斯皮尼（Leonardo Raspini）。

3. 酒庄的陈年酒窖外表，除地上一层外，还深入地下两层，酿酒设备非常现代化。

4. Masseto酒款酿自同名单一葡萄园Vigna Masseto（7公顷），首年份为1986年。

Tenuta dell'Ornellaia

Via Bolgherese 191, Bolgheri

57022 Castagneto Carducci, Italy

Tel: +39 (0565) 718 11

Fax: +39 (0565) 718 230

Website: http://www.ornellaia.com/en/home.htm

part VIII 香槟&气泡酒
Champagne & Sparkling Wine

四千万颗的珠圆玉润

佛于菩提树下，夜观流星，修成无上正等正觉。吾资质驽钝，只贪看香槟杯中或缓升、或急旋的美味星子，流串如珍珠，升至液面，崩破成酒雾。香槟馨美，至少暂时卸除了笔者凡人之我执，酒囊饭袋也有一时的优雅清明，世间有酒款作用如此，唯有香槟，抑或优质的气泡酒。

"香槟"二字读来轻飘雅致，似贵妇谈吐，芬芳若兰；气泡酒不看字面，即便听音，连连四声，也显滞重、铿锵而俗野。然而追根究底，其实香槟不过是气泡酒的一种，只是品质声名盈耳。现在除了法国香槟区外，也有愈来愈多世界各国的优质气泡酒有待发掘。

简单区分"香槟"（Champagne）与"气泡酒"（Sparkling Wine）的差别，只在于香槟区产的气泡酒才称为"香槟"，而其他地区的同类产品只是"气泡酒"，这样的命名限制要归功于香槟区酿造者的远见和努力。尽管注册有案，有法律的规范，也难限制欧盟以外的国家滥用香槟名号，即便是美国，也能在该国超市看到"美国香槟"。如果只是了解命名的限制，那么认识就未免浅碟，也辜负了优质香槟的名不虚传；然而要了解气泡酒之好如香槟，或坏如甜味汽水，就必须从酿造香槟的品种及制作过程谈起。

香槟两大要角：霞多丽及黑皮诺

酿制香槟最常使用的葡萄品种有三：霞多丽（Chardonnay）白葡萄、黑皮诺（Pinot Noir）黑葡萄及皮诺·莫尼耶（Pinot Meunier）黑葡萄。另外两种较少使用的古老品种有阿尔班（Arbanne）和小魅理耶（Petit Meslier）。就笔者所知，目前仍有Moutard Père & Fils这家香槟厂商酿造一款名为Brut Cuvée des 6 Cépages的香槟，共使用前述5种品种，再加上白皮诺（Pinot Blanc）共同酿成，算是香槟区的异数，酒质复杂而熟美，是笔者最爱的酒款之一。

然而对绝大多数香槟厂而言，最重要的组成还是前两款的霞多丽及黑皮诺。霞多丽酿酒酸度较高，却清新雅致脱俗；黑皮诺酒液则

1. 如同香槟区，法兰契亚寇塔产区（Franciacorta）也以手工采收葡萄，且都盛装在小塑料箱中，以免上层葡萄压损底层葡萄而造成氧化，影响品质。

2. 意大利法兰契亚寇塔产区的许多酒窖会在部分酒瓶上装置气压计，当瓶中压力达到6个大气压时，即达到理想的压力状态。

饱满完熟，可以增加酒的厚实及沉稳，两者必须形成精巧的均衡。此外，有香槟厂会加入皮诺·莫尼耶，以其明确诱人却不持久的果香突显年轻香槟的魅力，之后此品种在酒里功效渐失，渐由前两个品种负起酒质继续熟成演化的大任。

全面手工采收

保证香槟品质的第一道防线即手工采收，完全禁止机械采收（其他地区气泡酒则无此规定）。采收之际，都会装盛在平浅的小塑料箱里保持卫生，避免上层葡萄压损下层葡萄流出汁液造成氧化。整串葡萄健康无损采收后，便以香槟区特有的垂直式压榨机进行榨汁，它的压榨盘高度不高，以免葡萄串之间过度堆压。这种传统式的压榨机能均匀施力到每颗葡萄上，以达到最佳压榨效果。

分段筛选精华液

分段筛选为另一极端重要的品质分野，传统的香槟压榨机每次可填装4000千克的葡萄，最先压出的葡萄汁称为"前段精选"（Cuvée），品质最优，可压出2050升；中段称为Taille，可压出500升，品质次之；剩余的尾段榨汁品质过差，并不用于制作香槟，仅作蒸馏用。最高档、适合久存的香槟或"年份香槟"通常仅用前段精选的榨汁，普通香槟会掺入较多的中段榨汁。若是品质较差的廉价气泡酒，恐怕使用的是不易分段筛选榨汁的横向式压榨机，自然前中后段不分，省时却会牺牲品质。为了追求最佳的榨汁效果，最高档的香槟还须以相当缓速及轻柔渐进的方式压榨。然而

时间就是金钱，大量生产的廉价气泡酒酿造流程自然以速度优先，哪里顾得上轻柔对待。

一般人家里自然不会有压榨机，但却能在家模拟榨汁的渐进程序。首先将一颗完整美味的葡萄放进口里，以上颚和舌头缓慢施压逼迫，葡萄会轻微破开，中间的果肉受到压迫，最先流出的是甜美、混合宜人酸度的汁液，此即前段精选（Cuvée）；接着会压迫到葡萄的皮下组织，这里少有香槟所需的酸甜汁液，却有较多的矿物质、葡萄香气、丹宁等多酚物质及易氧化物质，涩度感开始出现，此为中段Taille；继续挤下便会压损葡萄皮，甚而葡萄子，里头的丹宁苦味于是释放出来，这时所感受到的即香槟区不用的尾段部分。

对于一般无气泡的葡萄酒，我们追寻的是葡萄皮所带来的风味、丹宁及色素。至于酿造香槟，通常会追求酒液的清澈，而非过度的丹宁及过重的果味。因为香槟酿成后，果味及丹宁会被气泡夸张放大，使得香气过重而俗艳刺鼻，或口感粗糙带涩，此即为何酿制气泡酒的法国阿尔萨斯省（Alsace）通常不用当地香气丰郁奔放的琼瑶浆（Gewürztraminer）品种，而选用气味较为中性的霞多丽及白皮诺的原因。

香槟法·瓶中二次发酵

在将榨汁进行酒精发酵后，有时会进行乳酸发酵以降低酸度并稳定酒质，形成香槟的基酒（Vin de Base），就像一般的无气泡葡萄酒。但香槟厂通常会混合香槟区不同地块所酿的基酒，再加上不同葡萄品种的基酒。若是非年份（Non-Vintage，俗称NV）香槟，通常会加入数个老年份的陈年基酒（Vin de Reserve）

做混调，混调的基酒材料最多可达六十多种，而此时的调酿技术及混调比例即为各厂的最高机密，也是奠定香槟经典风格的重要阶段。

接着进行"瓶中二次发酵"，即所谓的"香槟法"（La Méthode Champenoise），在其他产区则称为"传统法"。亦即在瓶中混调过的基酒里，加入糖及酵母的混合酒液，之后封瓶，放在阴凉的地下酒窖，让它缓慢再次发酵。发酵后的二氧化碳被幽闭在瓶中，逐渐形成气泡酒。此时酒窖温度愈低，且基酒主要来自"前段精选"的榨汁，所形成的气泡就会愈细腻绵密，这正是优质香槟的特征。其他国家的气泡酒也有许多采取这种"传统法"，然而其他品质较差的产品因为直接注入人工气泡，或二次发酵是在超大型不锈钢槽内进行，而不是在独立的酒瓶内发生，因此酒质自然与香槟法或传统法的成品相去甚远。

酒渣陈年的必须

瓶中二次发酵后，发酵作用完的酵母成为死酵母，也就是酒渣，然后将酒与酒渣一同浸泡陈年，借着死酵母水解的作用，释放出让酒质更加丰郁圆熟复杂的物质，达到提升酒质的作用。香槟区规定，无年份香槟必须至少如此窖藏陈年15个月才符合规定，年份香槟则必须达到至少36个月的下限，然而其实许多优质香槟厂的陈年时间都远超于此；而某些普通气泡酒，通常只与酒渣陈年9个月。

之后因为静态陈年已久，死酵母酒渣会黏附在瓶壁上，必须借由转瓶（Remuage）的程序，通过经验丰富的转瓶师傅之手，每天将倒插在人字形酒架上的酒瓶旋转1/8圈，让酒渣逐渐聚积在朝下的瓶颈处（目前已有自动转瓶机

器可以代劳，快速又省时，对酒质亦无明显影响），接着将瓶颈倒插在零下30摄氏度的冰盐水里，以结冻酒渣成硬块，再借由瓶中约6个大气压力喷出酒渣。

喷出酒渣时会损失少量酒液，这时会加入混有糖、葡萄酒（旧时有些酒厂还会加入白兰地）的液体以补充损失，重新封瓶后便成了完整的香槟。根据添入的糖量，香槟可分成最常见的Brut型（每升只添加15克以下的糖）、更不甜的Extra Brut（6克以下），也有现下较不流行的Demi-Sec型（糖分介于17~35克之间）。其实19世纪时的香槟口味比现在甜得多，不过最易搭配餐点的还是Brut型的不甜香槟。

科学家曾证实，平均一瓶香槟可逸散出4千万颗碳酸气泡。但对我而言，饮下的哪里是死板板的化学分子，而是清幽缥缈、引人遐思的珠圆玉润。后文介绍的香槟及气泡酒酒庄均为首选，风格殊异，却都耐人寻味！🍷

法国东部阿尔萨斯省也以传统法（即香槟法）来酿造气泡酒（当地称"Crémant"）。图中转瓶师傅正在进行转瓶动作，以将酒渣沉淀在瓶颈处。

王者柔情
Dom Pérignon

在众家顶级香槟中，声名及辨识度最高的非"香槟王"（Dom Pérignon）莫属，这或许与其中文酒名简单易记有关。然而其在大屏幕的现身频繁也颇有助功之效，其中以肖恩·康纳利（Sean Connery）所主演的"007系列"电影最为人称道。

在首集《诺博士》（Dr. No）里，詹姆斯·邦德（James Bond，肖恩·康纳利饰）被诺博士软禁在恶魔岛上，两人共餐时，因邦德女郎被抓，邦德情急下抓起桌上酒瓶作势攻击，诺博士立刻说道："你手上那瓶是Dom Pérignon 1955，打破未免可惜！"邦德则反讥："我比较喜欢1953年份的！"

再来看看第三集《金手指》（Goldfinger）。邦德与恶棍金手指的女友床上缠绵后，发现Dom Pérignon已饮尽，便起身走向冰箱，欲再取一瓶沁凉香槟王时，笑道："喝Dom Pérignon 1953，温度若超过38华氏度，就像不戴耳机听披头士！"可见邦德除了喜欢戴耳机听披头士，再次印证了他爱极1953年份的香槟王！其实，根据英国酒评家布罗德本（Broadbent）之见，1953和1955都被列为四星级好年份（满分五星），只不过前者较优雅软绵，后者则结构较强、酸度清脆。

神父酒酿传奇

香槟王的法文原指唐贝里侬神父（Dom Pérignon, 1638—1715），相传他是香槟酿造法的发明人。然而在法国大革命期间，一把无

"香槟王"在酒窖里与死酵母共浸，熟成7年才除渣上市。

名火烧掉了他所奉献的欧维列修道院（Abbaye d'Hautvillers）的许多珍贵档案，目前只留存两封无甚历史价值的信件和一些合约签名，尚不足以证明他就是香槟发明者的身份。然而他对香槟区的葡萄种植及酿酒技术的贡献却无人能出其右，一般仍尊其为"香槟之父"。

一般公认唐贝里侬神父的贡献有以下几点：首先，他严选不同地块、不同葡萄品种的最优质葡萄混合以酿造好酒，这是当时还未有的新颖观念；当时修道院主要以售酒维持营运，由于其酒质高超，因此售价是当时同产区酒的4倍。根据史载，与神父同年生死的法王路易十四爱极其酒酿，唐贝里侬葡萄酒遂成为凡尔赛宫的御用美酿。

当时称其为"唐贝里侬葡萄酒"，因为其时世人尚不知发酵的原理，也不知如何掌握发酵程序，因此酒中带有气泡纯属意外，甚至是恼人、亟欲避免的意外，因为酒窖里的酒瓶常因瓶中二氧化碳气压过强而爆裂。当时路易十四所饮的唐贝里侬葡萄酒，极可能偶有留存部分气体存在。至于神父当时是否有意识地要酿出气泡酒，目前仍众说纷纭，无从证实。也就是说，早期的香槟酒是没有气泡的，我们今日所认知的香槟气泡酒是后来逐渐演化成熟，约在18世纪末、19世纪初成形的酒款。而发酵现象，则要到19世纪60年代才由法国微生物学家路易·巴斯德（Louis Pasteur, 1822—1895）所发现。

此外，17世纪初，世称"日不落帝国"的英国之所以强盛，乃在其船坚炮利，因此造船用的木料对英国军事发展极为重要，英国遂禁止木炭业者伐木，规定民间只能使用煤炭。英国人以煤炭可燃烧出的较高温度，意外烧制出硬度更高的"英国玻璃"。后来英国朝圣者在参访欧维列修道院时，将英国玻璃的技术传授给唐贝里侬神父，神父遂开始以坚实的酒瓶盛装葡萄酒，也才有条件实验性地酿出气泡香槟酒，而无需担心酒瓶脆弱易爆裂的情况发生。唐贝里侬应是此区以软木塞封瓶，并以粗麻绳加强固定瓶塞的第一人。

品质的三大决胜点

香槟王原属酩悦香槟（Moët et Chandon）旗下的顶级年份香槟，该公司于1935年推出Dom Pérignon 1921首年份，当时是为了答谢150名英国忠诚客户而酿出此顶级香槟作为馈赠答谢。不过自1983年法国LVMH奢侈品集团买下酩悦香槟后，香槟王和酩悦香槟便分属不同公司独立营运。自几年前起，香槟王的酒瓶上也不再出现"Moët et Chandon"字样。

目前的香槟王总酿酒师为李察·杰欧法（Richard Geoffroy）。受访时他指出香槟王的优异品质取决于3项要点。首先，即葡萄的品质。许多顶级香槟依旧使用购来的葡萄，而酿制香槟王的果实，则全数来自自有葡萄园。除了一级葡萄园Hautvillers（即修道院所在），其他葡萄都来自特级葡萄园（Grand Cru），何况Hautvillers园区品质可媲美特级。并且葡萄的来源也不会因为是特级园就照单全收，仍须经过严格筛选，原因是香槟区气候极不稳定，因此85%的香槟都是非年份香槟。

香槟王主要使用来自9个葡萄园的果实：霞多丽来自白丘区（Côte des Blancs）的Chouilly、Cramant、Avize及Le Mesnil-sur-Orger四个特级园；黑皮诺则来自Hautvillers一级园，以及Bouzy、Aÿ、Verzenay、Mailly-Champagne四个特级园，其中后两者因为面北气温较寒，若遇年份不佳则不使用。香槟王仅使用此一黑一白两个品种，并未使用皮诺·莫尼耶。

混调的第五元素

香槟品质的决胜点之二，在于基酒混调（L'Assemblage）的技艺。将来自不同园区的两个品种混调成兼具品牌风格及年份特色的产品并不容易，据香槟王总酿酒师杰欧法的解释，完美的混调须关照5项元素，即"纯净"（Pureté）——香槟王全未使用橡木桶，要求纯净无瑕、未氧化的果香，若饮者察觉酒中有烤面包、干果类等香气，乃出于陈年之故；"结构肌理"（Texture）——香槟王口感丰

1. 香槟王陈年酒窖。

2. 右为1995年份的"酒窖图书馆精选"（Oenothèque），熟成11年才除渣上市。酒厂自1991年才开始系统性地窖藏、推出Oenothèque系列。之前酒窖图书馆的酒仅供酿酒师品尝比较，或在特殊场合才现身，但为了让更多人也能品尝老年份、尚未去渣的酒窖图书馆酒款，在现任总酿酒师的建议下，厂方也推出过1959、1966、1976、1985等老年份Oenothèque。酒厂在品尝香槟王时，采用的并非一般常见的郁金香杯，而是Spiegelau厂牌的奇扬替（Chianti）红酒杯，认为可使香气及口感更易突显。

3. 美乃滋焗烤绿竹笋与粉红香槟王相搭，可带出香槟基酒中霞多丽白葡萄的清新、柑橘和矿物质风情。

4. 酒厂专聘主厨Mr. Bernard Dance以奶油酱汁干贝、炖芹菜和鱼子酱搭配2000 Dom Pérignon获得极好的效果。干贝带出酒中的矿物质风味，茴香带出柠檬草气息，鱼子酱则让酒的风格更加明确。

润无棱角，似轻柔肤触、如丝顺滑，"王者柔情"成了最明显可辨的招牌；"浓密度"（Intensité）——并非盛气凌人的浓强，而是浓郁中有紧致感，源自7年窖藏熟成的功效；"复杂度"（Complexité）——同样源自窖藏的效果，使香气的口感繁复缤纷。

最后，第五元素则是上述四元素达成后，酒中自然呈现的一种"张力"（Tension）——由两个品种达成均衡调和，阴阳共存，同时互抵互抗。如此口感的绝妙均衡同时也是一种"恐怖平衡"，如行走于悬空钢索之上，若抓到重点便能使香槟灵动光耀。

品质决胜点之三，便是陈年时间。依照法规，年份香槟至少须达3年窖藏时间，好让酒液与死酵母浸泡完全，丰富其滋味；而经典款的香槟王，都陈年7年后才除渣装瓶，风味自然不同凡响。

粉红香槟的极致

"啧啧，粉美耶！"能让贵妇发出台式卡哇伊的赞叹声的，恐怕只有优雅的粉红香槟（Champagne Rosé）了。细腻的气泡自杯心飞升，充满着浪漫、梦幻、感性、性感，种种不切实际的遐想。

粉红香槟中，笔者最爱的是粉红香槟王（Dom Pérignon Rosé），爱其精巧灵动而复杂，无一丝累赘：窈窕秀美，扬袖飘舞，翩然欲飞。粉红香槟之所以粉红，其酿法有二：其一是传统的"红酒加入法"，即在香槟基酒酿成后，先添入比例不一的黑皮诺红酒，再添入糖及酵母，进行瓶中二次发酵以产生气泡，之后做法同一般香槟。19世纪初，香槟区红、白酒的产量相当，因此以红酒添加法酿制粉红香槟实属合理，好处是可借由红酒添加比例的控制，让厂家获得每年风格一致的产品；也可借由不同葡萄园所生产的红酒及添入香槟中的比例，调制出每家香槟厂的独特风格。年份粉红香槟王便属此类，添入的红酒来自形态丰盛、韵长且整体最均衡的Aÿ葡萄园。

另一较为现代的方式是在酿制基酒时，让葡萄皮与葡萄汁做短暂浸泡，以获取所需的颜色、风味及丹宁结构。此法的缺点是，由于葡萄本身的年份特色及品质不一，所以较难控制各个年份粉红香槟风格的一致性。至少以非年份粉红香槟来说，风格一致性是消费者辨识

香槟王酒厂内的彩绘镶嵌玻璃窗画，叙述的是欧维列修道院的葡萄采收和唐贝里侬神父酿酒的情景。此作由艺术家Félix Gaudin（1851—1930）于1882年所创作。

DOM PERIGNON
1638 – 1715
ELLERIER DE L'ABBAYE D'HAUTVILLER
T LE CLOITRE ET LES GRANDS VIGNO
SONT LA PROPRIETE DE LA MAISON
MOËT & CHANDON

相传神父是发明香槟酿造法的第一人，虽然此说法尚有争议，但他
对香槟区的酿酒品质贡献卓著，人称"香槟之父"。

进而认同某香槟形态与自身品味是否契合的关键。但如果是有年份的粉红香槟，便不这么重要了，因为某家厂牌的年份香槟除了须表达品牌风格外，年份的呈现也极其重要。

年份粉红香槟为何酒价高不可攀，是单纯的营销手法作祟吗？并非如此。首先，黑皮诺品种易受虫害霜害，剪枝方式若稍有差池或产量略大，品质就会大幅衰退，酒质清清如水。因此若当年黑皮诺品质未臻理想，厂商便不会酿制粉红香槟。再次访问酒厂时，总酿酒师杰欧法的得力助手酿酒师樊生·夏普宏（Vincent Chaperon）解释，一般酿制香槟用的红、白葡萄的潜在酒精度只要达9.5%即可，但那些要加入基酒酿制粉红香槟的优质红酒，则至少要有11.5%的酒精度才适当。在多雨阴寒的香槟区，这样的黑皮诺来源极为有限，因此本厂只用来自面南向阳的Aÿ特级园区、低产量老藤葡萄树的原料。而年份粉红香槟王的产量仅达一般香槟王产量的4%，量稀价昂不待多言，加上要混调出本厂理想粉红香槟的特有均衡感，难度更高。

香槟王向来不透露其总产量为何，但近年来有法国媒体猜测，应为每年约500万瓶。光看表面数字，这样的数量实在惊人，与顶级香槟形象似乎不太搭调，这或许也是厂方不愿公开产量的原因。然而在总酿酒师麾下的260名酒窖人员与葡萄园300多名葡萄农的兢兢业业下，酿出如此品质均俱的酒品，以飨爱酒人口福，真是善事一桩。唐贝里侬神父若天上有知，也要含笑了。🍷

Dom Pérignon
20 Avenue de Champagne
51200 Epernay, France
E-mail: contact@domperignon.com
Website: http://www.domperignon.com

1. 欧维列修道院，前景方形水塘是旧时修士养殖鲤鱼的处所。除了养鱼食用外，修士也养蜂取蜜。

2. 欧维列修道院内的唐贝里侬神父墓碑。神父享年77岁。拉丁文碑文叙述其生前为食物及饮料总管（Cellerarius），饮料当然也包含葡萄酒在内。

3. 图为香槟王的总酿酒师李察·杰欧法（Richard Geoffroy）。

拿破仑是酩悦香槟（Moët et Chandon）的爱好者，也与该家族交好，于1807年来到酒窖参观。1810年法皇拿破仑还相赠酒厂一座大型橡木桶以资纪念，其内容量为1200升。

依然库克！
Maison Krug

名列全球最佳香槟厂之一的库克香槟（Maison Krug）大屏幕形象却不怎么清晰，或许与其低调行事有关。我唯一的印象是，曾饰演007的英国著名演员皮尔斯·布洛斯南（Pierce Brosnan）在《天罗地网》（The Thomas Crown Affaire）片中，饰演白手起家的亿万富翁及窃盗名画的雅贼柯朗。当柯朗和女主角于一家意大利餐厅共进晚餐时，他向侍酒师（或仅是侍者）说："我的女伴想喝点香槟。"侍酒师马上建议："我们有Krug Grande Cuvée 1981！"在柯朗的点头示意下，侍酒师即刻退下；男女主角则继续钩心斗角，将剧情推展下去。看到此桥段，行家酒迷恐要大骂编剧无知，因为库克陈年特级香槟（Krug Grande Cuvée）并非年份香槟，而是顶级的非年份香槟！

库克的诞生

库克香槟是由德裔库克（Johann-Joseph Krug）先生于1843年所创，在此之前，库克曾丁另一知名香槟酒厂Jacquesson任职。然而他却比当时香槟区一般酒农对于英国饮家的评语更为敏感。当时英国饮家对于陈年的波尔多和波特酒特别感兴趣，因为英国人的味蕾偏好较为成熟、略带氧化干果味的酒款，也欣赏随之而来的复杂酒质。库克香槟厂建立前，库克常听到："听着，我喜欢您的香槟清新、雅致、顺口，不过您没有更浓郁集中、余韵更长且复杂度更高的酒款吗？"库克便向老板禀报其观察洞见，但此举仅似投石入井，余波荡漾三秒即无声无影。

1. 库克香槟的创始人Johann-Joseph Krug。

2. 库克年份香槟须在酒窖中陈年至少10年始上市。

3. 美尼尔园（Clos du Mesnil）年份香槟由100%的霞多丽白葡萄酿成。

无年份的库克陈年特级香槟（Grande Cuvée）为本厂经典款，一般以50～60款基酒调酿而成，但于2008年调出的此款酒竟由118款基酒调成。

当时库克建议应迎合英国人的口味，建立优质特选酒（Cuvée）。他希望能以更优质、更具风土特性的葡萄酿出可久储、价值更高的香槟，使愿意付高价购买波尔多及波特老酒的英国人也能在香槟当中得其所爱。库克香槟于是诞生。

第三次造访，小巷弄里半掩着的蓝灰铁门上，"Champagne KRUG"的铜黄刻字依旧一派低调优雅。此次重访，气氛已不同以往。此家族名庄几年前被LVMH集团所并购，形象逐渐有所调整，例如酒标换成红金色调，卷细叶花边，体积缩小，更显秀气。而家族第6代传人欧立维耶（Olivier Krug）也愈显老练，对技术细节、与厂方形象无关的提问都显得不屑一顾。"库克香槟都会先在法国发布，中国台湾的上市时间则要晚上数个月，所以它的瓶里去渣时间不同于在法国上市的这批吗？""没错，不过这无关紧要！"其实我只是随口一问，采访发问正是最佳的学习之道。

"当我们听莫扎特时，不会只听小提琴声部吧。"我则辩道，"不过，10把小提琴和50把小提琴所演奏出的气势仍然不同。"讲了许多迂回的实例后，他干脆说："那些老是问这些琐碎细节的人往往不是库克香槟的购买者。"此话一出，我便不好再多做回应。确实，我爱库克，但以我的荷包之浅薄，购买次数的确不算多，多半是与酒友分摊或因专业因素而有缘得尝。

欧立维耶的率性直接令我吃惊，不过这不打紧，重点是招待我的无年份库克陈年特级香槟依旧经典美好，细腻和强劲兼具。饮到如此天之美露时，他的不羁属于他，而瓶里的库克便属于我的味蕾。每当在酒厂喝到刚除渣的库克陈年特级香槟时，我都觉得口感活力精旺、明晰准确，

甚至较为锋利。而在台湾地区所试的同款酒则往往显得醇厚风华绽放，或因熟成较久，或因交通辗转，将香槟升华到熟成曲线的另一阶段，但风格依旧，一啜即知非库克莫属。

后来我还采访到库克的女酿酒师茱莉·卡维尔（Julie Cavil），问到同样的问题，她的答案相当明确："去渣时间对库克香槟而言的确不是那么重要，因为无年份的库克陈年特级香槟在酒窖里陈年6年才上市，较一般无年份香槟窖藏15个月即上市自然架构坚实许多。几个月的除渣时间差异，对本厂的香槟影响不大。"至少，这是我可以接受的答案。

勿将库克供于神坛上

5年前首次来访时，欧立维耶的叔父雷米（Rémi Krug）为当时本厂的总裁，被LVMH集团并购后，其便成了荣誉总裁，现任总裁则是与库克家族无血缘关系的翁玺克（Henriquez）女士，是由集团指派的，第6代家族传人欧立维耶则担任酒厂主任，目前真正的主导决定权已不在家族手里。幸运的是，集团接手后并未让优秀酒质蒙羞，而雷米和兄长翁玺（Henri，前任总裁）及其子欧立维耶，都还是香槟基酒调酿时的重要成员。

雷米当时表示，他不认为强劲丰厚却细致优雅的库克香槟只适合搭配正餐主菜，相反地，库克的一系列香槟只要搭配得宜，从开胃菜、前菜、主菜，甚至到点心，都可促成美好联姻。"千万别将库克仪式化而远离了日常生活！"接下来的论点，若让一般法国人听见，定要觉得不可思议。"我的英国朋友喜欢在打高尔夫球或野餐时品尝库克，我还有个法国友人在观赏'世界杯'时，边看比赛，边享用波

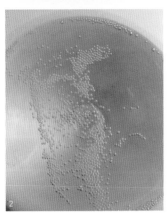

1. 库克酒厂庭院。10月底当基酒发酵完毕，木桶必须经过清洗、阴干。

2. 香槟愈老陈，酒色愈金黄，气泡略少，但香气极端繁复。

3. 库克拥有全香槟区数量最庞大的陈年基酒（Vin de Reserve），为酒庄最大资产，傲视群伦。

4. 酒厂使用旧桶发酵基酒，若保养得宜，每个桶可用上约40年。

尔多五大名庄的红酒。真的，千万别将库克供在神坛上了！"

为了实践上述理念，库克前些年与近年发迹的皮革设计名厂Pinel & Pinel共同设计了一款库克野餐旅行箱（Le Malle Krug），以棕红小母牛皮缝制外箱，内以艳红缎布为反差，营造出低调的奢华印象，内附大师设计名品如François Bauchet设计的银钵形冰桶、刻有Krug字样的手工水晶香槟杯、WMF出厂的松露削刀、食用鱼子酱专用的珠母贝汤匙，还有如魔术般自旅行箱中抽出的4张椅凳及矮桌，无非是希望"库克痴人"（Krugist）能在非洲大草原观奇、在喜马拉雅山进行贵族健行时，能随时坐下歇脚，尝几片贝尼尼薄煎饼搭配贝鲁嘉鱼子酱。最美妙之处，当是与同行贵客举杯啜饮库克香槟。为了避免琐碎，几瓶奢华的库克香槟已经附在旅行箱里。为了让稀有定义奢华，库克野餐旅行箱全球仅限量30组，香港的售价超过5万美元。

精密的香槟调配工艺

除库克陈年特级香槟外，本厂也酿造无年份的库克粉红香槟（Krug Rosé）。事实上，这两款香槟最能体现其家族相传的香槟调配工艺。此工艺主要体现在两部分：第一，库克家族成员的品味都须经数十年功力始锻成，才能从每一新年份250款来自不同产区的葡萄酒原料当中，品尝决定哪些当年份的酒要放入混合，哪些陈年基酒（Vin de Reserve）要加入混调，才能调制出属于本厂风格的库克陈年特级香槟或库克粉红香槟。

第二，本庄所储存、用以调配用的陈年基酒可达150款，年份自2年到15年不等，通常

陈年基酒占本厂一瓶无年份香槟混调比例的35%～50%；一般香槟厂的陈年基酒酒龄可能只有两三年，且占混调比例仅5%～10%。这样的优势，使库克无年份香槟品质突出且极度稳定，是无年份香槟酒质的霸主，品质甚至胜过许多年份香槟。

库克窖藏年份精选

库克陈年特级香槟和库克粉红香槟要窖藏成熟约6年始出厂，年份香槟则需9～10年，不过更稀少的"库克窖藏年份精选"（Krug Collection）则需历时至少20年的窖藏时间才会上市。库克窖藏年份精选乃指年份香槟在窖藏约10年后，去渣封瓶却并不上市，而继续窖藏在本庄地下酒窖里，在延伸窖藏至少10年后，香槟进入圆熟复杂且有另一番风味展现的阶段，才会出售。

除了确认的买家，库克窖藏年份精选不会外流市面。目前上市的年份为Krug Collection 1985，下一年份则是1982（释出年份先后取决于酒的风味发展快慢）。此酒仅在高级餐厅或高级葡萄酒专卖店出售，拍卖会上也偶尔可见。雷米·库克在40周年就职纪念时，便端出Krug Collection 1928与家人欢庆，并表示："Krug Collection 1928与甜酒之王伊肯堡（Château d'Yquem）具有神奇的相似度，不过前者是不甜、不带气泡的伊肯堡！"

橡木桶发酵哲学

库克是少数仍沿袭传统的香槟厂家，以100%小橡木桶做第一次酒精发酵而酿成基酒。这种基酒自发酵期间到酒渣自然沉淀、换桶，

1. 库克的常温12摄氏度地下酒窖。目前大多数库克香槟采取机械转瓶，但遇到大瓶装版本，还是以手工转瓶完成。

2. 重要贵宾在本厂的木桶名人录上签名，如星级餐厅Taillevent及L'Auberge de l'Ill的主事者，便在其上刻字留念。

3. 12月底基酒发酵完毕，酒厂正将基酒滤出，之后分地块及品种储放，以利后续混调程序。

4. 用以酿造库克香槟的众多葡萄园之一。

1. 酒厂混调时会先用小瓶装起基酒样本，以便后续在实验室以试管进行混调程序。

2. 安波内园（Krug Clos d' Ambonnay）年份香槟由100%黑皮诺酿成，年产仅3000瓶。

3. 左为酿酒师Julie Cavil，曾在广告公司上班6年，后来毅然辞去工作，花了4年时间攻读酿酒学校，之后才进库克工作；右为Olivier Krug。

在橡木桶里仅仅留存3个月。因此一般认为库克香槟是以橡木桶培养而成的说法并不正确，实际上只有基酒的最初生成是在木桶里完成的。库克也曾以不锈钢桶做实验，但就是无法酿制出库克的特殊风味，因此放弃。

其他酒厂虽能模仿相同做法，然而库克风味是由许多细节环环相扣而成的，难以简化仿得。这种基酒随后导入为数众多的小型不锈钢桶，以不同村庄及地块分门别类，经过酿酒师反复品尝，才决定使用哪些基酒原料进行最后的调配动作。由最初品尝新年份基酒原料，以及该使用哪些年份的陈年基酒，一直到最后的调配完成，过程约需5个月。基本上，库克陈年特级香槟是混合了6～10种不同年份的50种基酒调制而成。

橡木桶发酵的另一妙处是延缓熟成老化。因木桶壁微细孔为酒引进了微氧化作用，使在木桶里发酵的酒慢慢起氧化作用，反而不易早衰。此微氧作用就如同施打预防针，使酒带有抗体，相较其他香槟更适合久存演化。另一要点是，本厂不用新橡木桶发酵。当添置的新桶到厂后，厂方会将压榨所弃置的中段榨汁（Taille）连同酒渣一起填入新桶，将新桶的木味及丹宁萃尽，才用以发酵基酒，以免木桶味掠夺酒质的轻巧及优雅。

双园传奇

库克虽以繁复调酿技法闻名，但本厂也产制一款名闻遐迩的单一葡萄园香槟——库克美尼尔园（Krug Clos du Mesnil），由100%霞多丽葡萄酿制而成，即所谓的"白中白"（Blanc de Blancs，由白葡萄榨出白汁酿成的香槟）。从雷米的曾曾祖父时代起，便不断收购美尼尔园的葡萄酿酒，1971年购入此地，主要是为了增加库克陈年特级香槟和库克粉红香槟的产量。经过深究，他们发觉此地有其特殊之处：位于村子中心，周围有矮墙及村屋围绕，有许多老藤葡萄树，在东及东南方向形成一特殊微气候。评估之后，他们认为此园应大有可为，于是购入并花了8年时间整地，才于1979年酿出第一瓶美尼尔园香槟，并于1986年面市。美尼尔园口感精纯，丰厚坚实却雅致均衡，带有花香、矿物质、橙皮等气息，气韵独特，深蕴库克特质。以1996年份的美尼尔园为例，全世界仅释出8607瓶，中国台湾仅分配到48瓶，售价高达1000美元，是本厂的珍稀酒酿。

然而自本厂于2008年春季推出另款单一年份、单一品种及单一葡萄园的库克安波内园（Krug Clos d'Ambonnay）香槟后，这"黑中白"（Blanc de Noirs，由黑皮诺葡萄榨出白汁酿成的香槟）便成为库克香槟系列里的正格稀世珍酿。安波内园面积仅0.69公顷，为美尼尔园的1/3，首年份1995 Clos d'Ambonnay仅酿3000瓶，单瓶售价超过3300美元。其实以上双园酒酿之质虽秀美毋庸置疑，但并不特别高于经典款库克陈年特级香槟，其售价之高乃因物以稀为贵。🍷

Maison Krug
5, rue Coquebert,
51100 Reims, France
Tel: +33 (03) 26 84 44 20
Fax: +33 (03) 26 84 44 49
Website: http://www.krug.com

意大利气泡酒之最
Ca'del Bosco

意大利葡萄酒自30～40年前兴起一股酒质的"文艺复兴"风潮，尤以"超级托斯卡纳"这类较具国际风格的红酒领军，向世人证明该国酒业已自沉睡中苏醒，可酿出与法国波尔多高级红酒力拼的优质酒款。约莫同时，北意法兰契亚寇塔（Franciacorta）产区也由"布斯可之家"（Ca'del Bosco）酒庄领衔，几十年间将其改造成意大利的最佳气泡酒产区，品质优越，可与香槟区酒款并驾齐驱，令意人骄傲，也让世人刮目相看。

布斯可之家的庄主查内拉（Maurizio Zanella）同时也是法兰契亚寇塔的先驱。他表示，酒厂最初仅是一间林中木屋，此即庄名的由来（"Ca'"为房舍之意，而"Bosco"为森林）。其母于20世纪60年代中期购下木屋及其周边林地，作为周末闲暇消遣去处，然而自幼爱酒成痴的查内拉（12岁时仿效法国酒窖样式，在地下11米处挖掘并搭建起一座酒窖）在见到这片风水特优之地时，便决定步上酿酒之途，以酿造世界级品质葡萄酒为矢志。在砍除木屋周边林地、翻土整地后，1967年他种下本庄第一批葡萄树。同年意国政府通过法令，宣布酒庄所在附近产区为"法兰契亚寇塔法定产区"（DOC Franciacorta）。本产区位于伦巴底（Lombardy）行政区，在流行之都米兰之东，北临伊塞欧湖（Lake Iseo），因湖水调节使此区气候温和凉爽，适宜葡萄缓速成熟，使酒酿有细腻复杂的风味。

DOC Franciacorta依照法规，红、白及气泡酒都可酿制，然而早期酿制的多是粗犷型红酒，优质的白酒及气泡酒其实是由查内拉和几名追随其后的优秀酒农经过多年努力方有今日成果。而本区形象蜕变成功的关键，在于1995年产区等级的改变：从该年9月起，静态

1. 酒庄新的无年份经典气泡酒Cuvée Prestige，正与瓶中死酵母浸泡在一起，以获得繁复风味。
2. 庄主查内拉（Maurizio Zanella）乃法兰契亚寇塔产区气泡酒的最佳代言人。

布斯可之家（Ca'del Bosco）酒庄葡萄农的工作情形。此新植地块的种植密度为当地传统密度的3倍，达每公顷1万株。

地下酒窖中心点有一庄严高拱的圆形穹顶，立身其下，有如置身罗马教堂，其上是一直升机停机坪。

无气泡的红、白葡萄酒，其法定产区改称为 DOC Terre di Franciacorta，而气泡酒则升格为 DOCG Franciacorta，此为意大利第一也是唯一的DOCG等级气泡酒产区（自2009年起，另一个气泡酒DOCG诞生：Prosecco Conegliano/ Valdobbiadene）。意国其他可生产气泡酒的 DOC为数超过100，却无一品及形象可达香槟的地位。而法兰契亚寇塔法定产区的重新定位，即希望以香槟为品质标杆，快速而大幅地提升酒质。

1967年当地仅有11家酒庄，四十几年后酒庄数已达90家，且多数是近年来因法兰契亚寇塔风靡全意，才如雨后春笋般地兴建起来。目前本区每年气泡酒的产量约1000万瓶，将来最多可增加到1500万瓶，较之随处可见的酩悦香槟（Moët et Chandon）每年产量高达2000多万瓶，法兰契亚寇塔的精致迷你，由此可见一斑。

既然要师法香槟，其产制法规当然就要高于其他意大利气泡酒产区一级，因此其操作

工艺与"香槟法"（意大利称为"传统法"，Methodo Classico）几乎完全类同：以手工采收葡萄、以小篮盛装避免压损葡萄、以手工将颗粒完整无缺的葡萄轻缓导入压榨机、只取前段榨汁、只采取瓶中二次发酵。其他意大利气泡酒的二次发酵多在大型不锈钢桶内进行。而对于无年份的法兰契亚寇塔酒窖的陈年时间，则要求不得低于18个月，比香槟区15个月的规定更严（不过香槟区年份香槟窖陈最低要求为36个月，此区为30个月）。最后的手工转瓶去渣等技术细节都与香槟区看齐，因此法兰契亚寇塔即意大利气泡酒品质的极致表现。

布斯可之家·法兰契亚寇塔品质标杆

1967年查内拉刚自酿酒学校毕业，创业维艰常是必然，但因其父亲为意大利汽车零件大亨，因此创立酒厂一事对于当时年轻气盛的查内拉而言并非难事。加上他是本区的酿酒先锋之一，故建厂之初即有机会购下附近最优质的葡萄园。20世纪70年代酒厂开始酿制气泡酒，查内拉更自香槟区聘请酿酒师杜擘（André Dubois）为顾问，让酒质飞快提升。时间流转，40年经验下来，布斯可之家已成为意大利最高级气泡酒的代名词，庄主查内拉也成了法兰契亚寇塔的全球形象大使。

查内拉满腔雄心壮志，近年来大举扩建酒厂，购进最新的酿酒设备，还在庄内各处摆放现代艺术雕塑及摄影作品，使来访者处处惊奇，尤以腾空吊在酿酒厂房入口处的巨大犀牛雕塑最为惊人。这件超现实主义空间艺术品名为《时间悬空后的重量》，观赏此巨犀吊钢丝，确有"重如泰山，轻如鸿毛"之感。此外，其地下酒窖中心点有一庄严高拱的圆形穹

1. 左为旗舰款Cuvée Annamaria Clementi，右为Dosage Zéro。

2. Cuvée Prestige无年份法兰契亚寇塔当中，至少加入了20%的陈年基酒。

3. 布斯可之家的梅乐品种红酒风格类似波尔多右岸酒款，极其精彩。

4. 酒庄超大型混调不锈钢桶，可将不同地块的酒混调均衡，让某款酒第一瓶到最后一瓶的风格品质都一致，其形体巨大，被戏称为"教堂"。

顶，立身其下有如置身罗马时代教堂，肃穆之情油然而生。其实酒窖穿顶之上是一停机坪，可供富豪贵客搭乘私人直升机抵庄参访。早期查内拉总会搭直升机飞赴维洛那（Verona）参加意大利葡萄酒暨烈酒展（Vinitaly）盛会，但其实车程不过40分钟。然而或许因为过度自信、扩张过快，以致资金周转失灵，几年前忍痛出售布斯可之家60%的股权予Santa Margherita集团。幸而集团仅挹注资金，并未干涉酿酒事宜。

其实酿制高级气泡酒的成本，远远高出红、白葡萄酒。不仅酿酒设备昂贵，还须以不锈钢桶储存数量惊人的基酒及陈年基酒，还要有广大的地窖让酒和死酵母浸泡陈年多载，期间所积压的资金，财力不雄厚者实难维持。布斯可之家目前主推3款法兰契亚寇塔：经典无年份Cuvée Prestige是款以霞多丽为主的气泡酒，使用相当高比例的陈年基酒（25%），气泡绵密顺滑，相当优雅；其次是不加糖（Dosage Zéro）的年份香槟，其最终含糖量每升不超过3克，形态清新，具明显矿石味，易搭配海鲜料理；最后则是以庄主母亲姓名为名的顶级年份法兰契亚寇塔Cuvée Annamaria Clementi，其基酒如同库克香槟，都在小型橡木桶内发酵并储存7个月，之后在酒窖里和死酵母一起陈年7年才除渣装瓶。

名列百大霞多丽

其实布斯可之家在国际市场上反倒先以其品质足以比拟优质勃艮第霞多丽品种白酒而闻名。此酒甚至被法国《酒中的黄金：世界百大葡萄名酒》（L'Or du Vin, Les 100 vins les plus prestigieux du monde）一书列入世界百大名酒之林。法兰契亚寇塔产区种植比例最高者是霞多丽葡萄，因此其白酒Chardonnay Ca'del Bosco的质地与法兰契亚寇塔齐名也就不足为奇了。

总之，布斯可之家果真酒质非凡，不管是香槟形态、波尔多形态，甚至勃艮第形态的红、白酒，即便尚无法与法国金字塔顶尖精英酒庄相抗衡，但整体品质出类拔萃，风格兼容并蓄，具优雅欧洲格调，不容错过。🍷

Ca'del Bosco
Via Albano Zanella, 13,
25030 Erbusco, BS, Italy
Tel: +39 (03) 07 76 61 11
E-mail: cadelbosco@cadelbosco.com
Website: http://www.cadelbosco.com

1. 酿酒厂房入口处悬挂有超现实主义艺术品，名为《时间悬空后的重量》。

2. Cuvée Prestige的气泡极为绵密细腻。

1. 酒庄存放陈年基酒的5000升不锈钢桶。

2. 本厂Chardonnay白酒细腻优雅，名列世界名酒之一。

3. Ca'del Bosco地下酒窖，此为手工转瓶的人字形木架。

酒神之丘
Tenuta Montenisa

意大利最具影响力的酿酒家族安提诺里（Antinori），其第26代接班的家族三姊妹，大姊阿比耶拉（Albiera）、二姊阿蕾格拉（Allegra）及三妹阿蕾西雅（Alessia），于1999年共同承租下法兰契亚寇塔产区一家酒庄及周边葡萄园，创立蒙提妮莎酒庄（Tenuta Montenisa）以酿制气泡酒。酒庄虽仅成立10年，国际酒界评论还不算多，然其气泡酒已广受欢迎，尤其2006年才刚酿出的粉红气泡酒（Montenisa Rosè），因酒质优秀产量不高，无法应付各国进口商订货要求，干脆暂不出口，只供应意国本地市场忠实客户。笔者几年前尝过其初阶无年份法兰契亚寇塔，即觉品质优良，有一探酒庄的必要。

蒙提妮莎位于法兰契亚寇塔中心地带的卡里诺（Calino）小村，村内古老教堂、修道院、别墅、宫殿遍布，宁静优美。1158年地区主教将此村赠予当地卡里尼（Calili）贵族世家。19世纪末由家族Lavinia Calini和新婚妻子玛吉女伯爵（Contessa Maggi）一同继承了目前酒庄所在的玛吉小宫殿（Palazzetto Maggi），以及附设的酿酒房和周边葡萄园。不过对于酿酒，卡里尼家族并未当成事业认真经营，因此当法兰契亚寇塔于1995年升为保证法定产区DOCG后，一向对此产区保持高度兴趣的安提诺里家族，经熟人牵线，立即与卡里尼家族后裔达成共识，签下租约用以酿酒。

酿气泡酒以了先祖遗愿

蒙提妮莎（Montenisa）的希腊文原意为"酒神之丘"，当初虽由安提诺里三姊妹共同出资，但主要经营重任则由三妹阿蕾西雅承担。她在受访时表示，其实祖父Niccolo及曾

1. 酒庄新植的葡萄园，周围有特殊的墙面围绕，当地称此种墙面为Brolo。

2. 霞多丽为法兰契亚寇塔产区最重要的品种。

蒙提妮莎（Montenisa）虽是新酒庄，但依旧以手工转瓶，此为转瓶用的人字架（Pupitre）。

祖父Piero（皮耶诺·安提诺里）在20世纪初，便有酿制全意最佳气泡酒的初衷，早年也曾购买北意地区葡萄，运至中部托斯卡纳酿制气泡酒，因此气泡酒的酿制，百年来已成为家族成员间秘而不宣的传统。直至今日，家族3位女杰才得以将先辈的理想化为真实，建厂达成先祖心愿。酒庄建厂时间虽短，但其酒款品质与法兰契亚寇塔的先驱酒庄如Ca'del Bosco及Bellavista相较，已不遑多让。

酒庄主酿酒师欧迪（Giorgio Oddi）表示，法兰契亚寇塔产区得天独厚，气候温和，常有微风吹拂，又有北边伊塞欧湖水调节，为几千年光阴形塑而成的冰河盆地地形，土壤中多沙多石多矿物质，易排水，也供给葡萄树多样养分。相对地，香槟区则位于巨大的石灰岩地形之上，地质的同构性较高。另一相异

处是，7～8月间法兰契亚寇塔比纬度较高的香槟区炎热，所以一般葡萄园8月即开始采收，如2007年的采收起始日为8月11日，而超热的2003年更是8月初即开始采收。采收时必须动作迅捷，10日内完成，以免失去酿制气泡酒的葡萄所需的优雅清酸。相同点则是见贤思齐，技术细节与香槟法一模一样。

法兰契亚寇塔产区使用3款葡萄品种酿制气泡酒，其中霞多丽及黑皮诺也是香槟区的主要品种，另一款则是白皮诺。40年前白皮诺占有最大的种植面积，而目前不管是种植面积还是各厂牌气泡酒的混调比例，则多以霞多丽白葡萄为要角。法兰契亚寇塔虽是新兴产区，但本区所使用的法国品种却早已于此生根。其中一种说法是，拿破仑于1797年占领此区建立奇萨尔皮尼共和国（Cisalpine Republic）、定都米兰之际，即引入了此种葡萄。当地酒农Cavalleri则指出，19世纪末根瘤芽虫病大肆侵袭法兰契亚寇塔，造成当地葡萄树伤亡殆尽，许多法国品种于此际引入重植，始有今日葡萄园的面貌。若后者说法无误，那么这些法系品种在此生长已超过百年。

蒙提妮莎每年可酿制约50000升的基酒，并选择其中品质最好的1/5～1/4当做陈年基酒储存备用。基酒按品种及地块分门别类储存，共有约80种基酒，之后用来与当年份基酒调酿成无年份气泡酒。本庄共酿制4款法兰契亚寇塔，每款酒的基酒有部分在小型法国橡木桶内发酵（都为酿制过Umbria省霞多丽白酒的旧桶），部分在不锈钢桶内发酵。如同其他DOCG法兰契亚寇塔酒款，法令规定酒标上不得出现意文"Spumante"字样，以免饮者将此区高级气泡酒与其他地区廉价、带甜味的气泡酒混为一谈。

左为旗舰款Montenisa Riserva Contessa Maggi，右为Montenisa Brut基本款无年份法兰契亚寇塔。

1. Montenisa酒庄内的壁画为16世纪画家作品，庄内古董随处可见，气氛神秘静寂。

2. Montenisa Riserva Contessa Maggi酒款的瓶筛网套特别精致贵气，下端双菱形为安提诺里家徽，瓶盖上3个A字为家族三姊妹名字缩写。

3. Antinori家族三姊妹，由左至右为二姊Allegra、三妹Alessia、大姊Albiera。

4. 庄内接待厅。

本厂除了酿制无年份的Montenisa Brut及Montenisa Rosè，还有两款年份法兰契亚寇塔：第一款是仅以白葡萄酿成的"白中白"Montenisa Satèn，多数以100%霞多丽酿成，有时会加入少量的白皮诺；Satèn即指当地的"白中白"气泡酒，酿法近似法国Crémant气泡酒酿法，在瓶中二次发酵时加入较少糖分，最终瓶中二氧化碳气压仅达4.5个大气压，不像香槟或法兰契亚寇塔地区典型的6个大气压，因此气泡质地柔滑绵密，极有特色，其实此酒比我所尝过的任何法国Crémant气泡酒品质更胜一筹。另一款是以玛吉女伯爵命名的旗舰年份香槟Montenisa Riserva Contessa Maggi，以霞多丽及黑皮诺酿成，其与死酵母陈年时间约为5年，比其他3款的三十几个月更长，是本庄最细腻复杂的法兰契亚寇塔酒款。

蒙提妮莎虽为年轻酒厂，但因有600年老牌安提诺里酿酒家族的坚实技术作后盾，短短10年即有如此表现，成绩斐然，坚信其酒质日新月异乃指日可待之事。法兰契亚寇塔乃世上最优质气泡酒之一，衷心期盼哪天在餐厅或飞机上，饮者会对服务人员说："我想喝法兰契亚寇塔！"🍷

Tenuta Montenisa
Via Paolo VI, 62
25046 Gazzago San Martino, BS, Italy
Tel: +39 (030) 7750838
Fax: +39 (030) 725005
E-mail: info@montenisa.it
Website: http://www.montenisa.it

1. 无年份粉红法兰契亚寇塔Montenisa Rosè以100%的黑皮诺酿成。

2. 右边酒瓶为年份Montenisa Satèn，仅以白色品种酿成，搭配意大利Parmigiano-Reggiano奶酪，让此酒有明显的熟洋梨及乳脂香。

3. 酒庄主酿酒师欧迪（Giorgio Oddi）。

part **IX** 教皇新堡
Châteauneuf-du-Pape

教皇珍酿·新堡经典

法国最名贵的酒区一向以"BBC"马首是瞻，也就是波尔多（Bordeaux）、勃艮第（Bourgogne）及香槟区（Champagne）。近年来这些酒区酒价的飙升，无不与国际新富中国、俄罗斯及印度等国的快速崛起，对于高档商品有着如飓风狂扫般的消费力相关。而那些较为成熟的市场如美、日等国，已将眼光移转到法国的隆河流域产区，其中又以风光明媚、吸引旅人如织的南隆河教皇新堡产区（Châteauneuf-du-Pape）最受瞩目。即便此区酒价较10年前已经挺升不少，但相对而言仍旧颇为物超所值。

其实多数人忘了1935年法国第一个被列为法定产区（AOC）的产酒地即教皇新堡，尔后的其他产区都是以此为典范而成为法定产区的。介于艺术之都亚维农（Avignon）与古希腊剧场名城橘城（Orange）间的教皇新堡产区，其葡萄树种植面积广达3300公顷，以单一法定产区而言，仅次于波尔多右岸的圣爱美浓（Saint Emilion）及勃艮第最北端的白酒产区夏布利（Chablis），成为法国第三大法定产区。

是以卧虎藏龙之外，不免出现小道班门弄斧，以教皇新堡美名为招牌，却酿些名不符实的劣品，尤以20世纪60～70年代品质最为参差不齐，酒精度过高，酒体不足，均衡过差，果香涣散。然而自20世纪80年代后期开始，酒农家族第二代周游四方，见闻广博，敢于自评，不吝与同业讨论，开启了品质的"文艺复兴"风潮，加上国际媒体、酒评近年来的贴近

关注，情势一片大好，连带产区土地价格翻了几番，依旧吓阻不了外资涌进的意图。然而大部分前一代小酒农将葡萄或酒酿售予酒商酿酒或装瓶的情况起了变化，转而开始在酒庄内自行装瓶，以自己的名号贩卖足以自傲的酒款，因此外界能购园买地进行投资的情况并不多见。波尔多著名的五级酒庄Château Lynch-Bages的Cazes家族，于2006年购下Domaine des Sénéchaux，是近来唯一成功达阵的例子。

手工采摘·产量极低

教皇新堡位于南法普罗旺斯地区，气候温暖干燥，除了葡萄园一望无际，橄榄树也是常见地景。事实上在第一次世界大战时，当地葡萄酒一文不值，许多酒农甚至大举拔除葡萄树，改植经济价值较高的橄榄树及薰衣草。老一辈酒农也说，只有适合种植薰衣草及百里香的地块才是栽植葡萄的美地。另外该区法定产区规定相当严格，若按部就班，在此稳定气候下酿出优质酒酿并非难事：法规规定全区必须手工采收，每公顷产量不得高过3500升（这也是勃艮第特级葡萄园的产量最高上限），且总收成5%的葡萄必须舍弃不用（全法唯一严规）。因此天时地利之外，只要人和协调，这实在是酿制好酒的优胜美地，难怪乎当时亚维农的教皇们都以此"地酒"为祭酒，教皇若望二十二世（John XXII）甚至在酒村高处建立避暑夏宫，酒村因而得名，留芳于世。

教皇新堡传统酒瓶的铸模。

13：1・各擅所长

法规下教皇新堡产区可使用的品种共有13种，但若将白歌海娜（Grenache Blanc）也算成独立于黑歌海娜（Grenache Noir）之外的品种，那么可用品种共有14种：歌海娜（Grenache，Grenache Noir）、西拉（Syrah）、慕合怀特（Mourvèdre）、神索（Cinsault）、库诺兹（Counoise）、穆斯卡登（Muscardin）、瓦卡海斯（Vaccarèse）、德黑（Terret），白葡萄则有克雷海特（Clairette）、白歌海娜（Grenache Blanc）、胡姗（Roussanne）、布布隆克（Bourboulenc）、皮克普尔（Picpoul）及皮卡登（Picardin）。

前3款酿制红酒的葡萄是教皇新堡红酒的主要基干，澳洲也常以这3款铁三角品种酿制所谓的GSM混调红酒。教皇新堡当中最经典的两家酒庄分别是海雅斯堡（Château Rayas）及布卡斯泰尔堡（Château de Beaucastel），前者只使用歌海娜品种，后者则13款红、白品种都使用，因此风格的差异颇大，一个产区各自表述。

然而大多数酒庄还是以歌海娜为红酒主干，占最大混调比例，提供酒体和劲道；西拉提供紫罗兰花香及黑莓风味、丹宁及漂亮的深紫酒色；慕合怀特带来深黑酒色，胡椒、香料及野味风情，其丰盛的丹宁也让酒款具有久储的潜力。教皇新堡白酒产量极小，仅占总产量约7%。

后文将介绍4家经典酒庄的佳作，读者若能按图索骥品饮酒款，对教皇新堡将能有初步而完整的认识。自21世纪初起，教皇新堡出现了许多新兴酒农，以酿制高品质酒款为职志，正向而多样的发展绝对值得密切观察！🍷

※ "AOC" 的全称为 "Appellation d'Origine Contrôleé"，乃创立于20世纪20年代的原产地管制命名制度，率先规范将地理名称应用在产自特定区域的葡萄酒上。AOC法定产区制度由法国国家法定产区管理局（Institut National des Appellations de l'Origine et de la Qualité / INAO）负责管理，对于可栽种的葡萄品种、每公顷的最高产量、葡萄的最低成熟度、葡萄如何栽种等都有规定，有时还包括葡萄酒的酿造方法。参见《世界葡萄酒地图》（The World Atlas of Wine，Hugh Johnson 著，积木文化出版）。

教皇若望二十二世于14世纪在教皇新堡城市上端建筑的教皇新堡，为当时教皇们避暑的夏宫，目前只剩废墟。

特立独行不可一世
Château Rayas

1880年在离亚维农不远的普罗旺斯山城阿伯特（Apt），书记师艾柏特·黑诺（Albert Reynaud）因一场事故变聋，只好改变生涯规划，购下教皇新堡附近一座唤为"海雅斯堡"（Château Rayas）的农庄。在肆虐欧洲的根瘤芽虫病灾害后，农庄虽一息尚存还留有些许葡萄树，然而艾柏特·黑诺对于酿酒并没有远大理想，只满足于漫步林间，余暇耕植玉米、小麦、橄榄树等农作物。直到1920年其子路易·黑诺（Louis Reynaud）承接下海雅斯堡，开始植树酿酒并于酒庄内自行装瓶，酒庄的名声始真正传开。

1935年路易购下位于沙瑞昂村（Sarrians）的图尔堡（Château des Tours），以生产伐奇哈斯（Vacqueyras）及隆河流域地区级（Côtes-du-Rhône）的法定产区酒闻名，后由大儿子伯纳·黑诺（Bernard Reynaud）接手管理。

路易还于1945年买下离橘城不远的封萨雷特堡（Château de Fonsalette），此Côtes-du-Rhône酒款也在海雅斯堡内酿制。1978年路易去世，海雅斯堡及封萨雷特堡都由二儿子杰克·黑诺（Jacque Reynaud）接手。然而1997年杰克猝死，目前海雅斯堡和封萨雷特堡都由杰克的侄子艾曼纽尔·黑诺（Emmanuel Reynaud，即伯纳·黑诺之子，也就是后来的图尔堡庄主）担任酿酒师。

在杰克·黑诺的巧酿下，海雅斯堡的教皇新堡酒款成为本区的经典，也是法国最著名、最昂贵的酒款之一。其秘诀之一在于延迟采收，并且只采收品质最高、极熟的优质葡萄。

1971年份的海雅斯堡（Château Rayas）酒标上标记"一级特等美酿"（1er Grand Cru）。明明无此分级，酒庄却硬要标上，对其酒质之自信满满，由此可见一斑。

以1974年而言，直到11月初，杰克都还在进行最后一批采收。低产当然也是美酿的必然先决条件，其每公顷产量只有1500～2000升（法规为每公顷不得超越3500升）；1984年更因落花、结果不完全，每公顷仅得700升。若当年葡萄品质未臻最高标准，便拿来酿制品质依旧优秀的二军酒平郎（Pignan）。

如前所述，本庄特立独行之处还在于本庄仅使用100％的歌海娜单一品种来酿制教皇新堡红酒。其他酒庄常需使用慕合怀特及西拉品种来弥补单一品种风味之不足，但在贫瘠砂岩混合黏土的土质（这里见不到教皇新堡经典的巨大鹅卵石）和杰克的酿技下，单一品种即足以技惊四座。其实本庄的酿造设备极其简单，甚至到了简陋的地步，酒窖阴湿幽暗，蛛网随处可见，木桶破旧，覆有陈年积垢。尽管如此，然"酒中存真理"，本庄酒质依旧秀逸正格、独树一帜，品质年年独占鳌头，可谓"教皇中的教皇"。

只使用单一歌海娜品种，乃因本庄园区位于教皇新堡产区北边，葡萄园朝北，受到法国北风Mistral的影响更加明显，加上黏土较多，土质较阴寒，因此通常"酒精怪兽"歌海娜不至过于张狂。借本地风土之便，葡萄成熟缓慢而均匀，得以酿制出细节明晰、优雅多幻又潜力过人的酒款。

海雅斯堡并无美丽酒堡，只是一处平凡无奇的黄土墙农庄。前面的葡萄园沙质软土如海滩，踏足即陷入。

怪佬杰克有侄相传

英国葡萄酒作家诺曼（Remington Norman）形容杰克·黑诺为："活脱自电影《星际大战》里走出来的人物！"笔者无缘亲睹其风采，书中照片所见，其五官全部纠结在一起，确有些古怪滑稽。杰克个性孤僻怪异，不喜记者打扰，在世时喜欢在记者眼前踩踏酒庄前的沙质土壤葡萄园。"土质细腻等于葡萄酒细腻，那些巨大的鹅卵石大而无当，坏处多过好处！""怪佬"的这席话硬是与当地酒农的认知相左，就算不是颠扑不破的真理，也颇值得玩味。

至少打了20通电话，终于联络上目前的庄主艾曼纽尔·黑诺。"好吧，你来采访吧。"在台北挂上国际电话，嗯，语气听起来有些冷淡。到访时，我在简陋如农仓的酒庄外头枯等了40分钟，他才姗姗来迟，一句寒暄语也没有。想交换名片，他却斜眼打量我全身上下，名片连同我的狐疑尴尬被晾在半空中20秒，他才接下名片。我还是头一回遭到如此对待，他的古怪真是得自怪佬杰克的真传，只不过他长得体面多了。

当他准备品尝酒杯时，我立刻架好脚架以便随时拍摄，他却冷泼一句："你是在拍电影啊，你！"期间利用空档抢拍，他抽酒的唧管正要注酒入酒杯时，我还在几英尺外，他老兄又说话了："你是来喝酒的还是来拍片的！"他递给我和同行朋友的酒杯简直脏得可以，先前品酒人的唇印还清晰可见，可见酒杯并未彻底洗净过，只是用清水涮过。不过我已心存感恩了，因为听说之前有些访客的试酒杯还是无柄的破杯咧！

1. 海雅斯堡葡萄园面北，此多阳之地可使葡萄成熟缓慢而均匀，
   因此酒质细腻。

2. 同样由艾曼纽尔·黑诺（Emmanuel Reynaud）酿制的优质
   Côtes-du-Rhône，Château des Tours红酒。

3. 教皇新堡红酒适合搭配羊排之类的重口味料理。

4. 现任庄主艾曼纽尔·黑诺。

左为2005 Château Rayas，Châteauneuf-du-Pape；右为2004 Château de Fonsalette，Côte-du-Rhône Blanc。

RP密码

在脏旧黑灰的酒桶上，从杰克·黑诺开始，便以白色粉笔标上让外人无从理解的各式密码，就像本庄的种种景况，神秘难解。在中文版《葡萄酒教父：罗伯特·帕克》（The Emperor of Wine: The Rise of Robert M. Parker, Jr. and the Reign of American Taste，财信出版）一书中，有张帕克在海雅斯堡酒窖写上RP大字的橡木桶前神情得意的品酒照片。据我所知，"RP"指的是"海雅斯堡红酒"，"R"是指"红酒"，"P"是指"海雅斯堡"，此番故弄玄虚，正合独揽全球葡萄酒评鉴大权的帕克（Robert Parker）心意，因为"Robert Parker"的缩写正是"RP"，于是欢喜留影。

与我同行采访的法国友人爱唱反调。他说"RP"是法国墓碑上常见的拉丁文"Requiscat in Pace"，也就是"愿你安息"之意（传说中发明香槟的Dom Pérignon修士的墓碑上就有此字样）。这时，神情一直深沉严肃的艾曼纽尔·黑诺，突然扑哧一声笑了出来："下回帕克来，我真要祝他'RP'啦！"

黑诺家族成员个个自视甚高，他们认为法定产区的规定是用来规范平庸之才的。几十年前本庄曾在酒标上标注"一级特等美酿"（1er Grand Cru），而教皇新堡产区其实并无此等分级名称，直到有关单位三令五申，他们才拿掉对自身酒质信心满满的标记。🍷

Château Rayas

84230 Châteauneuf-du-Pape, France

Tel: +33 (04) 90 83 73 09

Fax: +33 (04) 90 83 51 17

Website: http://www.chateaurayas.fr

1. 教皇新堡的经典地块遍布大小鹅卵石，此地质条件有助底层土壤水分在烈阳下不致过快蒸干。

2. 教皇新堡种植酿制白酒的葡萄园区大多具有白色石灰岩地块的特色；海雅斯堡的白酒若非老酒，最好醒酒2小时后再饮。

五代传承经典风味
Château de Beaucastel

布卡斯泰尔堡（Château de Beaucastel）发源于16世纪中期，布卡斯泰尔家族在库帖松城（Courthézon，在教皇新堡东北方）是有名的望族。1687年，家族中的皮耶·德·布卡斯泰尔（Pierre de Beaucastel）还受到太阳王路易十四的封官加爵。不过酒庄以优秀酒质闻名于世其实始自1909年，当时皮耶·佩汉（Pierre Perrin）购下酒庄只是拿来当做度假别墅使用，让一家老小假日有骑脚踏车、烤肉饮酒作乐的休闲据地。谁知，当初开始植树酿酒的余暇兴趣，传承五代后，将其发展为教皇新堡最经典的酒庄之一，且以酿制外销为主的高品质酒款为目标。现下出口量占总产量的94%（遍及全球115国），法国境内只供给高级餐厅及葡萄酒专卖店，法国境内90%的米其林星级餐厅酒单都备有本庄的教皇新堡珍酿。

目前酒庄的营运重任已传承给第五代，三兄弟大哥马克（Marc）负责营销，二哥皮耶（Pierre）负责酿酒及亚洲区的推广训练课程，三弟托马斯（Thomas）则主掌酒庄行政。这回接受采访的是皮耶，他负责布卡斯泰尔堡的酿酒职责已有13年之久，年轻时在第戎（Dijon）大学获得化学及酿酒师学位，也曾在波尔多右岸名庄贝翠斯堡（Château Pétrus）实习过1年，自我要求极高。法令规定总收成5%的葡萄必须舍弃不用（意即如采收100千克的葡萄，只能用95千克酿酒）以控制品质，而布卡斯泰尔堡的自我汰选则更加严谨。1991年本庄筛选掉50%的葡萄，1996年也筛选掉30%，到了2002年份，做法则更为极端。2003年6月，皮耶试了木桶里还在熟成的2002年酒款，觉得品质够不上布卡斯泰尔堡的教皇新堡美酿之名，于

1. 酒庄每年约在6月份进行最后品试，以决定最后混调的比例；最右边立身着灰衣的是目前酒庄总酿酒师皮耶·佩汉（Pierre Perrin）。

2. 葡萄园红绿叶片相杂的奇异美景。有时树株营养不均衡，会出现叶片变色的情形。

3. 酒庄的老酒库存。目前亚洲市场仅占布卡斯泰尔堡总体营业额的8%，不过预计近年应可达到15%。

熟成酒窖。红、白酒都在大型橡木桶内熟成，中间小橡木桶只在进行"添桶"时使用。本庄不愿酒里木味过重。

是全部淘汰，一瓶也不产。这批酒降级以酿制本庄旗下的普通款教皇新堡Châteauneuf-du-Pape Les Sinards，或品质优良的隆河流域酒款Coudoulet de Beaucastel，当然这些酒的价格便宜许多，却颇值得品试。

13种葡萄的交响乐音

主酿酒师皮耶还提到，布卡斯泰尔堡的两个独特之处，都与其同名的曾祖父的英明决定有关。首先，本庄使用法规所允许的全数13种葡萄品种酿制红酒。当时科学背景出身的曾祖父皮耶·佩汉认为，在19世纪末根瘤芽虫病肆虐造成本区葡萄园几近全毁前，本地的葡萄农即已使用13种品种，好让各品种间截长补短以酿出更复杂的风味。因此当多数葡萄农在后根瘤芽虫病荒芜时期，一窝蜂抢种易栽、产量高、酒精度较高的歌海娜品种时，他却反其道而行，以13种混调酒款向传统致敬，此乃本庄的第一坚持。

第二个关于红酒酿造的特点是，采收后，酒庄会将葡萄在80摄氏度下快速加热1.5分钟，然后急速降温到20摄氏度，再进行传统的酿造程序。将葡萄加热的目的在于，本庄创立初期即采取有机耕作，其曾祖父认为，将有机葡萄采收进厂，却像大部分酒庄那样加入二氧化硫以防氧化，真是可惜了葡萄园里的辛勤，因此他与勃艮第的"朋城酿酒实验所"合作实验，进而发现瞬间短暂加热作用（仅加热葡萄表皮）可杀死80%葡萄皮上易造成氧化的酵母菌，进而减少二氧化硫的使用。

由于此加热法能让葡萄皮上的氮分子较易释出，而氮正是酵母菌在启动酒精发酵时所需的重要养分，因此虽然加热会使酵母的数量变少，却因氮养分充足，少量的酵母便会快速启动发酵。对于酒庄而言，加热法是一举数得的秘技（对二氧化硫过敏的消费者或许可尝试本庄的教皇新堡）。

酒庄主要以有机农法耕作，部分则采取颇受争议的自然动力法进行实验。皮耶认为自然动力法只具预防性作用，而不具"疗愈性作用"，因此若当年雨下不休，自然动力法的作用就不大。他也认为，不易氧化的黑葡萄，像是西拉、慕合怀特及德黑品种较适用自然动力

秋季采收。

1. 经典的布卡斯泰尔堡教皇新堡红（右）、白（左，更为稀少）酒。

2. 酒庄的8000升大型橡木桶，不易氧化的品种如西拉以此进行发酵，而较易氧化的品种如歌海娜则在水泥发酵槽中进行。

3. 酒庄前的葡萄园遍布大小鹅卵石。

4. 本庄酒款须长期熟成，储存潜力绝佳。

法；而白色品种，或丹宁及酒色较淡的歌海娜，则对此自然农法适应困难，易受病霉害的侵袭。

向杰克·佩汉致敬

自1989年起，若是遇上特佳年份，或是慕合怀特葡萄够熟（此品种源自比教皇新堡更南的地区，因此不易年年达到极完美熟成），本庄会以老藤的慕合怀特葡萄酿出以此品种为主的旗舰珍稀红酒"向杰克·佩汉致敬"（Châteauneuf-du-Pape, Hommage à Jacques Perrin）。这款酒平均每10年中仅有约3年出产，年均产量约4000瓶，并在产出第一年就被重量级酒评家帕克评为100分，因此价昂难得，若有机会当然要一尝美味。只不过此酒风味极其扎实浓郁，要有耐心等待陈年，才能"向杰克·佩汉致敬"。

本庄的信念为"成为差劲年份的佼佼者"（être meilleur dans le petit millésime），所以在有机会"向杰克·佩汉致敬"前，其品质稳定的经典款教皇新堡饮之也定能让人肃然起敬，毕竟能将13种品种如此完美地混调在一起，在教皇新堡地区，应该无其他酒款能出其右。🍷

旗舰珍稀红酒Hommage à Jacques Perrin（法文原意为"向杰克·佩汉致敬"）年均产量约4000瓶，量稀价昂。

Château de Beaucastel

Chemin de Beaucastel,
84350 Courthezon, France
Tel: +33 (04) 90 70 41 00
Fax: +33 (04) 90 70 41 19
E-mail : familleperrin@beaucastel.com
Website: http://www.beaucastel.com

浴火重生老牌经典
Château La Nerthe

拉奈特堡的雄伟在教皇新堡相当少见。

教皇新堡酒庄中建筑气势足以与波尔多左岸名庄相抗衡的，唯有拉奈特堡（Château La Nerthe）。绿草茵茵及柏树耸天入云后，乳白色的优雅堡体因文艺复兴时期体例的十字大石窗开眼，使整座庄园有种灵慧之气，加上如巨型盆栽的松树曲身扭体斜立在设为酒庄办公室的东厢楼，更显现出平易近人的律动感。

1560年，皮耶蒙地区（Piedmont，意大利西北部）的维勒冯锡家族（Tulle de Villefranche）购下教皇新堡郊外的Beauvenir农庄，开始植树酿酒、挖掘地下酒窖。目前地窖里还留存有挖入石壁内的"岩壁酿酒槽"，其壁厚达1.2米，可用来隔热保温以便发酵，效果不输现代不锈钢温控发酵槽，只差温度无法随意快速升降。此为活古董，仍用来发酵酿制以果香为擅的神索品种。

《烹饪大辞典》指名的美酿

不过今日众人景仰的拉奈特堡是在此后200年才兴建的。1750年，酒庄建筑主体即将完工之际，维勒冯锡家族已将拉奈特堡的优质酒外销到德国。1785年，酒庄自行装瓶的酒款已在几个邻近欧洲国家受到欢迎，甚至同一时期，还将酒整桶外销到美国波士顿市。本庄珍酿不仅王公贵族独钟，连热爱美酒美食的文人雅士也莫不公开盛赞。19世纪法国文豪大仲马（Alexandre Dumas, 1802—1870）在其生前最后一部作品《烹饪大辞典》（Grand Dictionnaire de Cuisine）里曾说："今日欲设美宴待客的东道主，酒窖里绝不能少了玛歌堡（Château Margaux）、欧布里雍堡（Château Haut-Brion）、罗曼尼－康帝庄园（Domaine de la Romanée-Conti）、拉奈特堡。"

然而好景不长，1870年爆发的葡萄根瘤芽虫病让葡萄园近乎全毁。尽管园区曾经重植，再度兴起，然而"二战"爆发后（德军曾占领本庄，设立通讯指挥部，将酒窖存酒一扫而空），此园尽失昔日荣光。本庄的近代复兴起自1985年，当时大酒商李察家族（Richard）在现任总经理阿朗·杜嘉斯（Alain Dugas）专业热切的建议下，买下当时不被看好、荒废颓圮的拉奈特堡庄园。杜嘉斯认定这块"蒙尘璞玉"只消悉心照料必可还其本色。的确，在目前教皇新堡新星酒庄辈出的激烈竞争下，拉奈特堡重新寻回自信，再度跃上经典酒林。甚至应该说，本庄几百年来的起伏跌宕，命运流转，当前才达到巅峰状态，所酿酒质之高史无前例。

杜寇指挥官与拉奈特堡

要了解拉奈特堡，杜寇指挥官（Le Commandant Ducos）是必须认识的头号人物。维勒冯锡家族于1870年葡萄根瘤芽虫病爆发之际，无心经营拉奈特堡，便将本庄售予专擅科学及工程的少校指挥官杜寇。时值其他酒农忙于拔除患病葡萄树改种果树之际，杜寇指挥官却已知道，将当地葡萄树嫁接到美洲种葡萄树砧木上，可免于根瘤芽虫的侵袭。因此1891年拉奈特堡的葡萄园悉数重建完毕，此举还获得农业部颁发的金牌奖章以表赞扬。

杜寇指挥官也针对当地品种进行深入研究，认为歌海娜品种的混调比例不应超过20%。然而教皇新堡在经过根瘤芽虫病及两次大战的蹂躏后，为了能在战后尽快有酒可售，大多数酒庄倾向种植产量大、酒精度高、口感圆润的歌海娜品种。加上当时许多勃艮第酒农来此采购歌海娜红酒，以便掺入勃艮第红酒中加深其颜色及提高酒精度，更是变相鼓励了本地酒农专注种植歌海娜品种。然而除了风土较为特殊的海雅斯堡等少数几例，歌海娜还是需要其他品种的调配才能增进酒款风味的均衡度。不过目前拉奈特堡和布卡斯泰尔堡都已提高了慕合怀特品种的比例，本区种植的葡萄品种比例正在隐隐改变当中。

相较于海雅斯堡的最晚采收，在教皇新堡众优质酒庄当中，拉奈特堡属温热土质应名列

1. 拉奈特堡葡萄园中的巨型鹅卵石及叶芽倒影。卵石可吸热以助葡萄更快成熟，以及具有快速排水等功能。

2. 本庄总经理杜嘉斯（Dugas）。

3. 歌海娜品种一般以5100升的大型橡木桶进行熟成。

将届采收关键时刻的老藤歌海娜葡萄树。

最高级的Cuvée des Cadettes酒款，不论品种均以小橡木桶熟成。

最早采收者之一。正常年份约于9月1日出现百人大队，10天左右将所有葡萄全数采收入厂。再经葡萄筛选输送带挑掉熟度不佳或腐烂的葡萄，之后将葡萄降温到15摄氏度，冷却一段时间才进行压榨和酿制程序。

由于本庄占地83公顷的园区土质几乎自成一区，酿制红酒的黑葡萄成熟时间也相近，因此本庄采取各种品种同时混合酿制的方式，求取各品种间最大的互动、互补及随之而来的复杂度（这也是杜寇指挥官于19世纪末建议施行的酿酒方式）。而白葡萄因各品种间成熟期相差较远，因此会单独酿制后再进行混调。

生我者，杜嘉斯

1967年酒庄现任总经理杜嘉斯厌倦了巴黎的会计师生涯，于是凭着对葡萄酒的无限热情，休假一年拜访法国的葡萄酒产区，作为自我放逐和自我寻觅之旅，换个方式生活。他自巴黎西向罗亚尔河，接着南下波尔多、环南，再往上进入教皇新堡产区。"爱上了，便难以挥别"，他选择此地作为新的出发点，自此在当地酒庄从头学起。

后来更因刻苦钻研，勤于实验，他对于酿酒的认知早已超过"知其然，不知其所以然"的多数当地酒农。因此他虽然目前主要担任管理职务，但植树、剪枝、酿酒，甚至驾驶农耕机、修理农械，无一不精。因此当1985年拉奈特堡向外求售之际，兼擅会计师的成本控管和透彻了解酿酒程序的他，马上向李察家族力荐买下本庄。在其严谨经营下，10年下来，让当时约1600万欧元的投资回本并开始获利。没有杜嘉斯，便没有拉奈特堡的浴火重生，杜嘉斯真可谓拉奈特堡的再生父母也。

然而教皇新堡终究只是纯朴封闭的小乡村，当时初来乍到，当地人多以异样的眼光对待杜嘉斯，多半认为这个巴黎人意图不明、不怀好心。即使后来杜嘉斯学有所成，但若直言提出不同做法，当地酒农很容易认定"这个巴黎人怎胆敢来此指导我们酿酒"。不过海雅斯堡性格孤僻怪异的前庄主杰克·黑诺（已去世）却与杜嘉斯私交甚笃，黑诺断言："大概是因为教皇新堡酒农都把你我视作'异乡人'吧！"杜嘉斯的确是异乡人，而黑诺则算是异次元的怪人，一般人难与其交道。

拉奈特堡曾经一度风华褪色，当地人若不是将她忘却，便视之为理所当然，或许只有异乡人才会窥探其美色，引领其新生。且让我们品酌拉奈特堡醇酿，举杯道声："万岁异乡人！" 🍷

Château la Nerthe
Société Civile Agricole
F-84230 Châteauneuf-du-Pape, France
Tel: +33 (04) 90 83 70 11
Fax: +33 (04) 90 83 79 69
E-mail: alaindugas@chateaulanerthe.fr
Website: http://www.chateaulanerthe.fr

1. 酒庄设有品尝室，一般游客也可进入品尝，直接选购。

2. 左后为经典款教皇新堡红酒，前右为旗舰红酒Cuvée des Cadettes。

3. 左后为经典款教皇新堡白酒，前右为旗舰白酒Clos de Beauvenir。

4. 16世纪的岩壁酿酒槽，其壁厚达1.2米，目前仍在使用中，为一活古董。

饶具勃艮第风情的教皇庄园
Clos des Papes

阿弗力（Avril）家族自1902年起，便以"教皇庄园"（Clos des Papes）为注册商标售酒，至今传承至第4代的保罗·凡生·阿弗力（Paul Vincent Avril），酒庄珍酿已成教皇新堡前几大不可漠视的经典。尤其美国《葡萄酒观察家》（Wine Spectator）杂志曾将本庄的2005年份教皇新堡红酒列为"2007年百大葡萄酒"选单第一名（评选标准是将价格、评分及产量做交叉比对，以挑出物超所值的酒款），更让其一夜之间声名大噪，立即被酒商的预购单抢购一空。即使有新一批的同年份酒款再次进口，但价格已不可同日而语。目前本庄80%的产量外销到35国，以英国为大宗，连中南美洲的秘鲁都有引进，可见其魅力多么无远弗届。

四十来岁的保罗·凡生·阿弗力，游学经历非常惊人，先是在巴黎攻读商业学校，后来在巴黎知名的葡萄酒专卖店Les Caves Legrand工作一年，因此熟稔巴黎人对于葡萄酒的偏好为何；接着又在瑞士（教皇庄园最大外销市场之一）一家葡萄酒进口商工作两年，而瑞士当地通行的德语，他也讲得相当流利；之后在勃艮第学习酿酒5年之久，已逝的酿酒大师Denis Mortet是其好友，也在波尔多五大酒庄之一的木桐堡（Château Mouton Rothschild）实习过一年。他的学习之旅还延伸到澳洲大陆，许多知名酒区如Yarra Valley、Coonawarra等，几乎都跑遍，也在澳洲酿过两个年份的葡萄酒。常年在外学习晃荡，要不是老爹下令回来掌管酒庄，他可能还在天涯"任我行"。

自1990年左右起，教皇新堡开始出现"超级酒款"（Cuvée Supérieure），常是采自老藤葡萄树、较晚采收、以新的小橡木桶熟成的超浓郁集中酒款。到了21世纪，这股趋势愈加风行草偃，但保罗·凡生·阿弗力却颇不以为

1. 教皇庄园。

2. 19世纪末教皇新堡产区如同其他法国产区，遭根瘤芽虫病侵袭，葡萄园几近全毁。目前都以欧洲葡萄树种嫁接在美国种葡萄根上的方式，避免此病害侵袭。此为教皇新堡的露天嫁接树株幼苗。

Clos des Papes葡萄园。

然。他认为本庄并没有存在两种不同阶级的客户，一家酒庄应该只酿制一款教皇新堡。他担心若将品质最好的葡萄酒独立装瓶，会或多或少牺牲所谓的"经典款"、"传统款"或"一般款"教皇新堡的酒质，因此本庄只产一款红酒及一款白酒。阿弗力强调，若这些所谓的"超级酒款"是以特定葡萄园的果实酿制而成，那么他可以理解酒庄想展示不同地块风土特色的企图（例如勃艮第产区），然而他认为，在大部分的情况下，"超级酒款"都来自表现最好的几桶酒，与风土无关。

教皇新堡白酒也是本庄的强项，仅占总产量的10%。阿弗力以白歌海娜（Grenache Blanc）及胡姗（Roussanne）品种组成酒的腴润圆滑度；以克莱雷（Clairette）和皮克普尔（Picpoul）构成细致和优雅；最后以布布隆克（Bourboulenc）及皮卡登（Picardin）葡萄携来清新酸度；6种白葡萄的比例相当。阿弗力喜欢等七八年后再饮白酒，但多数客人买去后

禁不住香味诱惑，通常在3年内全数饮尽。他说自己酿的白酒有3个演化阶段：年轻时以洋梨、八角风味突出；七八年后酒里的矿物质风味更加明显；完熟时则有迷人的蜜香，尝来有勃艮第白酒的神韵。

酒农的神圣职责

保罗·凡生·阿弗力以为，酒农的职责就是酿酒，即使是并不突出的年份如2002年，也应全力汰劣务尽，用严选葡萄酿出具该年度风味的优质酒款。他强调，当遇到较差年份时，若酒庄随便酿酒贱卖给大酒商（Négociant），任其将劣质酒装瓶贴标便宜卖出，看似两全其美，但其实长此以往，将损坏教皇新堡的整体声誉，得不偿失。正如同拉奈特堡，教皇庄园于2002年仅酿出正常年份50%的产量，严选严酿，但酒款还是卖不出去，只因美国酒评家帕克（Robert Parker）的一席话：2002年的酒款

1. 本庄不流行酿制"超级酒款"（Cuvée Supérieure），而只产一红（右）一白（左）的教皇新堡酒款。

2. 庄主曾在勃艮第学习酿酒长达5年之久，因此酒款风格相当优雅出色。

Clos des Papes是本庄独占的单一葡萄园之名，也是酒庄之名。此为Clos des Papes葡萄园大门，左有一石牌指出，阿弗力家族成员在18世纪时曾任当地行政及财政要员，家族地位显赫。

由教皇新堡山头废墟下望的景致，可见隆河在其前方蜿蜒而过。

通通不要买……许多持有相同酿酒理念的酒庄都怨气冲天，尤其是精品酒商Maison Tardieu-Laurent（只买酒农最高级原料酒加以陈年装瓶，因此称其为精品酒商），更对帕克咬牙切齿，因为精品酒商选酒更严，此年份只产出正常年份10%的产量（40桶酒），却仍积酒满仓，谈及至此，愤慨之情不免溢于言表。

阿弗力在勃艮第酒乡的5年酿酒经验，让他中了黑皮诺的酒蛊，终生甘做勃艮第酒痴。他对本区的风土地块了如指掌，若有人将他的酒喻为"最勃艮第的教皇新堡"，对他而言可是莫高的赞誉。就技术面而言，他不管红酒、白酒，都不用小型的新橡木桶陈年：红酒进旧的大木桶，白酒完全不使用木桶（也不经乳酸发酵），因此风格清新活泼却底蕴扎实，红、白美酿都值得久储。笔者在2006年的红酒里确实嗅到，原来教皇新堡也可以拥有如此多娇的红浆果风味。优雅版的教皇新堡非教皇庄园莫属了。🍷

Clos des Papes

13, avenue Pierre de Luxembourg,
84230 Châteauneuf-du-Pape, France
Tel: +33 (04) 90 83 70 13
Fax: +33 (04) 90 83 50 87
E-mail: clos-des-papes@clos-des-papes.com
Website: http://www.clos-des-papes.fr

1. 本庄红酒只经旧的大型橡木桶培养（后方），前方小型木桶仅为酒庄实验或添桶使用（因熟成时间较长，木桶内的红酒会少许蒸发，须回填红酒以避免氧化）。

2. 酒庄依旧使用老式水泥发酵槽，槽里贴上白色瓷砖以方便清洗，保持内部清洁。

3. 现任庄主保罗·凡生·阿弗力和葡萄园工人团队。采收期间，本庄不雇用东欧来的游牧临时采收工，只用当地人，因为庄主认为当地人机动性较强，也较可靠。

4. 本庄2005年份教皇新堡红酒虽声名大噪，但其实赚取利润较多的是下游酒商，庄主并未因年份而大幅提高出厂售价，同时希望市场能接受他2002年的辛苦酒酿。

part X 瓦波利切拉
Valpolicella

名城美酿·瓦波利切拉

每年4月初举行的国际葡萄酒盛会"意大利葡萄酒暨烈酒展"（Vinitaly）都在北意古城维洛那（Verona）举行，使维洛那不仅以沙翁古典名著《罗密欧与朱丽叶》场景发生处闻名，也颇有"意大利的波尔多"氛围（波尔多以Vinexpo酒展闻名）。而在城北，瓦波利切拉（Valpolicella）产区的同名葡萄酒款瓦波利切拉，乃是意大利的历史名酿。然而真正使其名列全球最优秀产区之一的顶尖酒酿，乃是以风干葡萄酿成、不甜版本的阿玛隆内（Amarone）强劲红酒，以及甜酒版本的丽秋朵（Recioto）。由于现代人对于甜酒的需求日趋降低，使得阿玛隆内红酒成为真正带领瓦波利切拉产区前进，并再度受世人瞩目的产业火车头。

整个瓦波利切拉产区可分为3部分：一是位于维洛那城西北的"经典瓦波利切拉"（Valpolicella Classico），二是位于城北、小而较不知名的"瓦波利切拉·瓦潘提纳"（Valpolicella Valpantena），三是位于城东北、1968年才扩张而成的一般瓦波利切拉（Valpolicella）产区。经典瓦波利切拉是最早成立的原始产区，一般而言品质较为整齐；而后两者是一般产区，酿酒水平参差不齐。因此当意大利农业部同意在"经典区"东边扩大一般瓦波利切拉的产区时，有些人直觉认为，这是对于品质的妥协。然而本区因世界知名顶级酒庄罗曼诺·达尔·富诺（Azienda Agricola Romano dal Forno）的出现，打破了既有成见，原来即使产区"不经典"，只要制酒严谨，一样可以列入世界名酒之林。

一般的瓦波利切拉红酒主要以3种品种酿成。首先是最重要、品质也最高的可唯娜（Corvina）葡萄，法规规定须占整个混调比例的40%～80%，其果香诱人、酸度略高，丹宁及色素含量较低，不过果皮较厚，极适合进行风干程序。其次是罗迪内纳（Rondinella）葡萄，其香气不如前者，但产量稳定，丹宁及色素含量较高，可与前者互补，须占整体混调比例的5%～30%，也因颗粒较小，所以风干效果较佳。接下来则是酸度高、丹宁和色素都低弱的摩力纳拉（Molinara）葡萄，目前已逐渐式微。其他可加入的还包括托斯卡纳地区的山吉欧维列（Sangiovese），以及法国波尔多的几个品种，但总体不得超过混调比例的15%。此外，古老稀少的当地品种欧赛列塔（Oseleta）也有酿酒人掺入使用（例如Masi酒庄）。

另外值得一提的是可唯诺内（Corvinone）这种葡萄品种，它其实是可唯娜的远亲，因颗粒较大，又被称为"大可唯娜"。用其酿制出的酒色泽较深，丹宁较强，葡萄糖度也较高，一般而言品质高过可唯娜，只可惜产量低且易受病害。一般酒农并不认为可唯诺内的品质一定较好，其实是因为他们大、小可唯娜不分之故；这也难怪，因为可唯诺内正式取得基因认定及正名也不过是近几年的事。如果某家酒农的可唯娜酒酿颜色较深，丹宁结构较强，可能是因为混酿了可唯诺内的缘故（例如Quintarelli酒庄）。

阿玛隆内红酒及丽秋朵红甜酒同样以上

玛西酒庄（Azienda Agricola Masi）的老年份丽秋朵（Recioto）红甜酒。

古都维洛那是《罗密欧与朱丽叶》故事场景的发生处。

述的葡萄品种酿成，做法上常会严选出最佳葡萄，将整串带梗的葡萄置于竹席、装水果的条板木盒或塑料篮里，经过约4个月的风干，再将半干燥、水分失去30%～40%的葡萄压榨酿酒。经此干燥程序，葡萄的"潜在酒精度"可达16%～17%，若糖分几乎发酵殆尽转成酒精，就会酿成强劲、风味复杂、口感绵密的阿玛隆内红酒；若将发酵终止，酒里依旧留存有许多糖分，这时便酿成甜美、果香澎湃的丽秋朵甜酒。

由于阿玛隆内的酒精度高（约在16%上下），因此酒里生出许多酒精的副产品——甘油，使其口感浓郁圆滑，略带甘甜风韵，甚至尾韵常伴随类似杏仁核的隐微苦韵（甘苦味），意大利人称之为"Amarone"（意大利文"Amaro"为"苦味"之意）。

阿玛隆内酒款因深受美国人喜爱，让饮酒人见识到一股"酒艺复兴风潮"，因此具领导地位的部分酒农正拟向意大利农业部提出申请，希望将世界名酿的分级地位由现在的"DOC法定产区等级"一举提升到"DOCG保证法定产区"的最高等级。后文将介绍的阿玛隆内四大名庄即可作为酒质见证。四种典型，四种风范，相信阿玛隆内酒款升级之日不远矣！🍷

※自2010年3月起，Amarone已经升级为DOCG。

阿玛隆内最佳国际推广大使
Azienda Agricola Masi

玛西酒庄（Azienda Agricola Masi）几乎可以说与阿玛隆内（Amarone）红酒的历史平行发展。根据史载，玛西酒庄于1772年购下"经典瓦波利切拉"中心一座葡萄园，名唤"玛西小河谷"（Vaio dei Masi），此即酒庄命名的缘由。本庄的现任总裁是家族第6代的山铎·波斯卡伊尼（Sandro Boscaini），原先负责酒庄的销售和营销管理部门，之后于1978年接下父亲所留予的总裁职位。

山铎·波斯卡伊尼的父亲桂铎·波斯卡伊尼（Guido Boscaini）视野宏远，深具创意，首先于20世纪50年代仿效法国酿制单一葡萄园（Cru，Single Vineyard）的酒酿，在当时的意大利乃属罕闻。根据山铎·波斯卡伊尼受访时所言："玛西的第一款单一葡萄园酒款Campolongo di Torbe, Amarone Classico，不仅是本区的第一瓶，而且极可能是意大利出产的首瓶单一葡萄园酒款。"

古老酿技重现江湖

同一时期，桂铎·波斯卡伊尼考虑到在较平易近人、果香清新丰沛的瓦波利切拉酒款与浓郁复杂的经典阿玛隆内酒款间，似乎还缺少一款中间选项的优质酒款，可拿来与当时风潮正盛的"超级托斯卡纳"（Super Tuscan）红酒及加州的优质赤霞珠（Cabernet Sauvignon）红酒一较高下。但他不愿模仿托斯卡纳那种只将外来的国际品种如赤霞珠混调进当地品种的做法，于是转而在老祖宗的智慧里寻找蛛丝马迹，终于"重新发现"了"利帕索"（Ripasso）酒款的做法。

可唯娜品种的成熟葡萄，该品种为本区最重要的葡萄品种。

玛西依旧在竹架上风干（Appassimento）酿酒用的葡萄。当地冬天凉湿，此时葡萄上常会长有贵腐霉。像玛西一样风格较传统的酒庄，常会留下一小比例（不超过20%）的贵腐葡萄一起酿制，为阿玛隆内带来更圆润复杂的口感。但因贵腐霉会吃掉酒里一部分酸度，因此目前式微却多酸的摩力纳拉（Molinara）葡萄通常会被用上，以增进酒的酸度。

"利帕索"曾是玛西酒庄注册在案的商标名称（目前本庄已经放弃此商标权），同时也代表一种古老，当时已式微、几近消失的酿酒法：将酿好的瓦波利切拉酒款再次倾入先前酿制阿玛隆内酒款所剩的葡萄皮渣里。由于皮渣里还有含糖量不差的葡萄汁及部分酵母，因此经过"再次倾回"（Re-pass）的程序，可触动二次发酵，使得酒精度更高一些，风味、丹宁及酒色都获得提升，有些人甚至称其为"阿玛隆内幼年款"（Baby Amarone）。

玛西的第一款利帕索是1964年出产的Campofiorin红酒。旧时的酒农之所以采取上述做法，是为了弥补原来瓦波利切拉酒款的淡薄体质。而桂铎·波斯卡伊尼将此法重新挖掘出来，为原本风味不差的瓦波利切拉更添强劲风韵。只要葡萄的品质好、酿制技巧佳，以此所酿出的酒款依旧均衡细腻，风味更添层次。20世纪80年代中期，当时已任总裁职位的山铎·波斯卡伊尼更进一步改良父亲所创的利帕索酒款，将瓦波利切拉酒款"再次倾回"到半风干、原本要用以酿制阿玛隆内的整粒干缩葡萄里，而不是只倾回酒渣里，于是酒款品质及风味的复杂度愈加精进。目前利帕索酿酒法已为多数酒厂所仿效。

玛西不赞成引进国际品种，主张努力复育及推广当地品种，例如欧赛列塔（Oseleta）、罗西诺拉（Rossignola）及丁达瑞拉（Dindarella），尤以欧赛列塔最受本庄青睐。1985年以复育4株欧赛列塔开始做起，进而大面积种植；1990年推出混合可唯娜及欧赛列塔两种品种的Toar酒款；2000年酒庄认为欧赛列塔树株已够成熟，于是进一步推出全球唯一的欧赛列塔单一品种酒款Osar，让世人有幸尝到此品种独一无二的风味。

1. "玛西国际大赏"得奖人可获得一整个大型橡木桶的阿玛隆内。图为第26届的奖赏。

2. 由于欧赛列塔（Oseleta）品种酒色深，丹宁及酸度都高，因此酒庄采用桶内熏烤程度较高的法国小型木桶陈年。

1. 阿里吉耶利酒庄（Serego Alighieri），目前庄主为13世纪著名诗人但丁（著有《神曲》）的后代。此为超过百年、在根瘤芽虫病发生前即已存在的摩力纳拉品种葡萄树。本庄葡萄酒由玛西代酿经销，品质相当高。

2. 左后为玛西单一葡萄园Campolongo di Torbe的阿玛隆内，右前为Mazzano单一葡萄园阿玛隆内酒款。

3. 左后为Serego Alighieri酒庄单一葡萄园Vaio Armaron的阿玛隆内（由玛西代酿），右前为玛西的Costasera Riserva阿玛隆内酒款。

4. 玛西的Recioto Classico、Amabile degli Angeli甜红酒。

1. 欧赛列塔（Oseleta）葡萄串小巧可爱，体积不超过成人手掌。当地方言里，"Oseleta"为"鸟儿"之意，因其成熟果实极其香甜，所以成为鸟儿的最爱。

2. 玛西的Toar（左）及Osar（右）酒款。Osar以100％的欧赛列塔品种酿成，风味独特。

3. 玛西酒庄总裁——山铎·波斯卡伊尼（Sandro Boscaini）。

4. 秋收。当地整枝采用传统的维洛那棚架式（Pergola Veronese）整枝法。

令人激赏的是，山铎·波斯卡伊尼还于1981年设立"玛西国际大奖"（Masi International Prize），颁奖给文艺界和酒界杰出人士，表彰他们对于酒庄所在地唯内多地区（Veneto）的文化及酒业所作出的卓越贡献，包括英国葡萄酒作家休·约翰逊（Hugh Johnson）及法国波尔多酿酒大师艾弥尔·裴诺（Emile Peynaud, 1912—2004）都曾经获奖，获奖人还可得到一整桶获奖年份的阿玛隆内。

酒质杰出、营销手法上乘，并致力举办种植及酿酒技术研讨会，发表学术专著（光是针对欧赛列塔，玛西便出版过一本厚达380页的专著《Oseleta, Model for Viticulture in the Venetian Area》），让玛西成为本区最具领导地位的酒厂之一，是名副其实的阿玛隆内最佳国际推广大使。🍷

Azienda Agricola Masi
37015 Gargagnago di Valpolicella,
Verona, Italia
Tel: +39 (0) 456 832 511
Fax: +39 (0) 456 832 535
E-mail: masi@masi.it
Website: http://www.masi.it

1. 新一代利帕索（Ripasso）酿酒法示意图：玛西将瓦波利切拉酒款"再次倾回"半风干、原用以酿制阿玛隆内的整粒干缩葡萄里，启动二次发酵以增添酒款风味。

2. Serego Alighieri酒庄（由玛西代酿）依旧使用传统的大型樱桃木桶来陈年阿玛隆内，酒窖内的空气弥漫着焦糖及烟熏风味。

3. 瓦波利切拉产区（Valpolicella）葡萄园。

老牌新貌
Azienda Agricola Allegrini

又是一家"牌子老，信用好"的高品质酒庄，阿烈格尼酒庄（Azienda Agricola Allegrini）和玛西酒庄同为国际市场上不难找到、产量适中、足以代表酒区精神及风格的酒庄。本庄的酿酒史可上溯到16世纪中期，发源自维洛那城西北处18千米远的重要酒村——富玛内（Fumane）；20世纪的历史则由乔凡尼·阿烈格尼（Giovanni Allegrini）所主导，然而他未及见证当初新购优质葡萄园拉·葛罗拉（La Grola）的辟园落成，便于1983年英年早逝。如今酒庄由其儿子法兰哥（Franco）负责酿酒，女儿玛莉莉萨（Marilisa）负责公关营销，共同接续家族的酿酒传承。

乔凡尼·阿烈格尼于20世纪70年代开始酿制单一葡萄园的酒酿，其中以拉·波雅（La Poja）为单一葡萄园酒款的最高阶，然而因

其未按规定使用两种必用品种，而酿成可唯娜（Corvina）单一品种酒款，因此未被列入"DOC法定产区"等级，仅列为"意大利地区餐酒"（IGT，Indicazione Geografica Tipica），但其品质之高无可争辩，堂堂跻身名酒之林。这样以100%可唯娜酿成的酒款，在全意大利都是独一无二的，显见乔凡尼对此品种的坚持、认同和创见。

酒窖蜘蛛人

乔凡尼在世时，喜欢在大型老橡木桶与新颖小型法国橡木桶之间上下纵身跳跃，汲酒让来客品试，酒界于是封其为"酒窖蜘蛛人"。他胸有成竹地来回跳跃于传统与现代之间，信念所及，其子（现任庄主及酿酒师）法兰哥也

顶端的台阶式地形，右边三角形地块为最精华的拉·波雅（La Poja），而围绕其旁的地块则为拉·葛罗拉（La Grola），都是阿烈格尼酒庄（Azienda Agricola Allegrini）所拥有的优质葡萄园。

1. 北意古城Soave产有同名的可口白酒，阿烈格尼酒庄也有酿产。

2. 前景为丽秋朵（Recioto）甜红酒，但要避免搭配过甜的甜食。

3. 1997 La Poja酒款，为单一品种单一葡萄园酒款。

4. 左为拉·葛罗拉（La Grola）酒款，右为Palazzo della Torre酒款。

不遑多让。后者于20世纪90年代购入吉欧纳别庄园区（Villa Giona），种植法国波尔多经典品种及隆河流域的西拉（Syrah）品种，并向法国看齐，将葡萄园种植密度提升到将近每公顷1万株，酿出风格独具的意法"混血"酒款。

西拉品种也种植在本庄的拉·葛罗拉葡萄园内，与同园的可唯娜、罗迪内纳（Rondinella）品种混调成风格较现代的单一葡萄园酒款。西拉在此取代传统的摩力纳拉葡萄（Molinara），以前者的奔放果香、深沉酒色及较佳的酒体结构，取代酸度较高、丹宁较弱的摩力纳拉。目前阿烈格尼酒庄除了年轻时即可口易饮的初阶瓦波利切拉红酒外，其他酒款都已舍弃摩力纳拉，甚至传统上扮演最佳配角的罗迪内纳使用比例也减少了。

此外，在风干葡萄以酿制阿玛隆内及丽秋朵酒款时，依年份的干湿不同，葡萄上或多或少长有灰霉菌及贵腐霉。前者当然得去除，贵腐霉则是人言言殊，各持秉见。玛西酒庄认为，少量贵腐霉可增加酒里的甘油成分，丰富其圆润感，益增风味的复杂度，因此会以先进的温湿度仪器控制贵腐霉的侵蚀比例，使其只占表皮的15％。

然而阿烈格尼酒庄却认为，完全控制贵腐霉的侵蚀比例是不可能的事，并进一步说明：苏代区当地的白葡萄受到贵腐霉侵蚀后，可酿出绝世的甜白酒，但瓦波利切拉的黑葡萄一旦被侵蚀，贵腐霉便会吃蚀酒里的丹宁、酸度及色素，酒体结构于是被削弱。过去在风干过程中，许多酒农确实会因为葡萄的筛选不够严谨，有意无意混入少量的贵腐霉做调配，然而因为大多数酒农都使用酸度较高的摩力纳拉，因此能避免酒里的酸度被贵腐霉弱化的情形。如今不希望贵腐霉出现的酒庄，例如阿烈格

1. 酒庄的阿玛隆内酒款。

2. 吉欧纳别庄（Villa Giona）园区酒款混有法国波尔多及隆河品种。

3. 酒庄的Valpolicella Classico酒款，清新具酸樱桃风味。

1. 当地葡萄品种——罗迪内纳（Rondinella），产量稳定，丹宁及色素含量都较高。

2. Palazzo della Torre葡萄园以梯田的方式筑成，当地石墙堆叠极具特色，称为Marogne。

3. 酿制阿玛隆内红酒及丽秋朵红甜酒的风干葡萄，可置于竹垫上或直接悬挂风干。

4. 阿烈格尼酒庄的丽秋朵红甜酒搭配卡布其诺，可凸显酒里草莓及蓝莓果酱的风味。

尼，都倾向放弃使用风味过酸的摩力纳拉葡萄品种。

　　或许因为贵腐霉之故，玛西酒庄的阿玛隆内酒款刚释出不久便易于开饮，其复杂度也能初步显现。避免使用贵腐霉的阿烈格尼则希望保全鲜美果香的完整性，其酒款年轻时显得较严谨封闭。两者在陈年后，都是风格迥异但酒质秀美的醇酿。🍷

Agricola Allegrini
Via Giare 9/11,
37022 Fumane di Valpolicella
Verona, Italia
Tel: +39 (0) 456 832 011
Fax: +39 (0) 457 701 774
E-mail: info@allegrini.it
Website: http://www.allegrini.it/allegrini_it/index.
　　　　cfm?lingua=eng

1. 庄主暨酿酒师Franco表示，新式的利帕索酒款，即将酒液重新倾入半风干葡萄进行再次发酵，如此可增加酒体结构，同时又保有新鲜果香。而部分酿酒人直接将阿玛隆内加入瓦波利切拉酿造的超级瓦波利切拉，其结构虽然较强，但却失去清鲜果香。

2. 拉·波雅葡萄园（La Poja）含有高比例的白色石灰岩，也是此酒耐久储的主因。

3. 酒庄的传统酒款如阿玛隆内（Amarone），都采用来自斯洛文尼亚的大型橡木桶熟成。

大师中的大师
Azienda Agricola Giuseppe Quintarelli

前文介绍的两家酒庄都是读者在市场上较易寻着、极具代表性且品质优秀的酒庄。接下来介绍的两家，则为瓦波利切拉产区的大师级酒庄——昆达瑞利酒庄（Azienda Agricola Giuseppe Quintarelli）和罗曼诺·达尔·富诺酒庄（Azienda Agricola Romano Dal Forno），前者更是后者的启蒙者。昆达瑞利酒庄建立于约莫100年前，父子相传，目前的掌门人是八十来岁的居塞装·昆达瑞利（Giuseppe Quintarelli）。本庄酒质秀异，风格独特，饮了即开眼界。由于产量不高，昆达瑞利和罗曼诺·达尔·富诺酒款的价台高筑，中国台湾进口商只有少量引进，有心购买者还可通过某些酒商以预购方式购得。

居塞装·昆达瑞利育有4女，无子传承衣钵，目前正在慢慢将庄务传承给年龄不到30、光头清瘦、脸白眼蓝、穿戴银耳环的外孙马可（Marco）。采访当日，年迈的居塞装因为受到风寒，于是由马可引领笔者参观酿酒窖和进行品酒。酒庄位于经典瓦波利切拉产区的内格拉雷酒村（Negrar）上方约250米海拔处；据说此地最早是由黑人建村的，因此名为Negrar（此意大利文与英文Neger近似，都是指黑人，当时还无"有色人种"一词）。昆达瑞利酒窖内有座大型酿酒桶，桶上刻有黑人头像以资纪念。

参访完不怎么起眼甚至有点凌乱的酿酒窖后，下到幽暗的地下酿酒窖。马可开启照明灯，片刻后待瞳孔舒张，才瞧见简单的品酒室里摆着一张长桌，桌边定点距离30厘米处，左右两边各放置椅子3把；红、白酒犹如阅兵分列式般立于桌面两旁，放置手巾一条。访客先

1. 庄主居塞装·昆达瑞利（Giuseppe Quintarelli）为受人敬重的耆老，于2012年1月逝世，酒界引为憾事。

2. 本庄用来风干葡萄的水果木板盒。

3. 酒窖酿酒用的超大型橡木桶，刻有卷发黑人头像，据说此地最早是由黑人建村的。

1. 前景右为1998 Amarone Classico, Quintarelli。

2. 前景右为1995 Recioto, Quintarelli。

3. 本庄也产质地细腻的优质橄榄油。

4. 本区葡萄园中混种有不少橄榄树，下望即为内格拉雷（Negrar）酒村。

行品尝白、红酒，马可再从角落处取出阿玛隆内红酒及丽秋朵红甜酒。品试完一系列酒款后，马可毕恭毕敬将所有酒款按顺序、原位原角度还原位置，酒标也统一朝前放好。椅子依规矩拉出，离桌边30厘米，每张椅子间距也相同。人称传统派宗师的居塞裴果然对规矩有许多坚持，而自诩前卫、爱听摇滚乐的马可，却也谨遵传统，毫无懈怠。

马可既是摇滚乐知音，我试探性询问其喜不喜欢英国前卫摇滚乐团King Crimson？见他点头一笑，即知若能接纳并爱上这个前卫迷幻、音乐叙事结构复杂的团体，必跟自己气味相投。因为虚长他几岁，有些问题便单刀直入："你外祖父用木板盒风干葡萄，相较竹垫或塑料盒，这种方式好吗？""不好，"他回道，"这种类似装水果的薄木板盒比较便宜，而订制传统的风干竹垫，一个竟要价500欧元。木盒的卫生条件不若竹垫，易滋生霉菌，还不如使用有孔隙的特殊塑料盒。但是我外祖父一言九鼎，说了算数，毫无置喙余地！"

"将来你若掌理酒庄，会将'现代化'的做法带进酒庄吗？"马可表示绝不可能，他爱传统，爱数十年如一日的酒款风格。"我外祖父偏爱酒款略带甜味，我则偏爱不甜的口感，我们每年都会为此争论，不过外祖父年事渐高，他愈来愈常说，由你决定就好！"

不值20欧元

虽师法传统，顺天应命，但其实居塞裴·昆达瑞利却是将波尔多赤霞珠及品丽珠（Cabernet Franc）品种移植到本区的第一人。品酒进行到1998 Alzero Cabernet这款酒时，笔者不禁脱口而出："你家的阿玛隆内真是世界级名酿，但这款以法国波尔多品种酿制成的酒款，我就喝不出所以然来。柔顺，气味特殊，但结构不显，酒款特色不强，出厂价一瓶就要210欧元。在我看来，这款品质应约市值

1. 烟熏鸭胸肉搭配阿玛隆内蜂蜜酱汁。由其名可知，当是搭配阿玛隆内的佳肴。

2. 居塞裴·昆达瑞利的外孙马可，是酒庄未来的接班人，年轻却极有想法。

1. 若有机会一睹名城维洛那，定要品赏Oreste Cantina dal Zovo这家葡萄酒专卖店的多款意大利名酒，尤其店内还可寻得昆达瑞利酒庄几款较老年份的阿玛隆内红酒。

2. 本庄2006 Bianco Secco白酒混有法国及意大利白葡萄品种。

3. 1999 Rosso del Bepi虽是本庄阿玛隆内酒款的二军酒，然品质不凡。

4. Amabile del Cerè是本庄酿制的稀有甜白酒（使用品种同Bianco Secco），其中有40%的白葡萄沾有贵腐霉，因此可酿出风味复杂的酒款。

三四十欧元吧！"宝贝孙儿竟回道："虽然帕克给予此酒九十几分，使其声名大噪，连车神舒马赫都指名要订上100瓶，碍于产量我们只能给出两箱。不过我觉得这款连20欧元都不值！"

要是他外祖父听到以上对话，不知做何反应，大概要七窍生烟了吧？马可又嘘声说："我现在新开一瓶1998年份的阿玛隆内给你们试饮，前一瓶已经喝完，要是我外公看到，铁定又要骂人，他不喜欢人家现开现饮，怕风味不易出现。"其实此酒略醒风味已经好极！值得一提的是，本庄酒窖并无吐酒桶，也不准将酒吐出，不管你试酒多少款，或者还要开几小时的车程，不准就是不准。还好本庄酒除了Alzero酒款，我都喜爱不已！

至于贵腐霉是否应出现在风干葡萄里，昆达瑞利依循传统，将11月底出现的优质贵腐霉留下，也使用少量酸度较高的摩力纳拉品种，无怪乎本庄的经典阿玛隆内酒款总是多了份圆融稠密，优雅均衡而世故。由于本庄只使用野生的天然酵母，因此难以控制发酵时间，发酵时间比其他酒庄更长。昆达瑞利只在优秀年份生产经典的阿玛隆内，平均每2年出产一次；而更为罕见的丽秋朵红甜酒则是极佳年份的结晶，平均每5年才酿制一次。

日前书市颇流行《死前必看百大XXX》、《死前必访百大XXX》之类书籍，若要笔者条列"宠召前必饮百大"，昆达瑞利的阿玛隆内定将列在前几名内！🍷

1. Primofiore红酒是以瓦波利切拉产区的品种混合法国波尔多的品种所酿成的。

2. 1995 Amarone Classico Riserva是阿玛隆内最高级旗舰款，只在超级年份酿制。

Azienda Agricola Giuseppe Quintarelli

Via Cerè, 1

37024 Negrar, Verona, Italia

Tel: +39 (0) 457 500 016

Fax: +39 (0) 456 012 301

E-mail: giuseppe.quintarelli@tin.it

意大利五大酒庄之一
Azienda Agricola Romano Dal Forno

2007年4月的英国《品醇客》（Decanter）杂志刊出"意大利列级酒庄"专题，作者依据法国波尔多左岸1855年的分级方式，初步列出意大利酒的一级和二级酒庄。一级酒庄也如同波尔多左岸一样仅有5家，其中一家就是罗曼诺·达尔·富诺酒庄（Azienda Agricola Romano Dal Forno）。庄主达尔·富诺年约50，其第一个酿酒年份是1983年。他早年常向居塞裴·昆达瑞利（Giuseppe Quintarelli）大师讨教，受益不少。然而当达尔·富诺打算在经典产区外的伊拉西河谷（Val d'Illasi）植树酿酒时，大师却表明此地条件只适合种植玉米，若要酿酒还差得远。

昆达瑞利大师一切遵循古法。古法未及记载、未曾尝试的新事物，便超出了传统大师的理解范围。然而具斗牛般硬颈精神的达尔·富诺偏不服输，执意要在其成长的伊拉西河谷闯出一片天。其实达尔·富诺家族乃父子相传的第3代葡萄酒农，只不过父执辈还没有培养出高品质酒款的观念，葡萄园经营以量产为目标，将收成葡萄全数转卖，获利极低，难有任何成就。自从邂逅了昆达瑞利大师，其话语即如天启般让达尔·富诺发誓要酿出世界级佳酿。

超高种植密度下的美酿

达尔·富诺首要作为便是重整葡萄园，让每公顷葡萄树的种植密度提高：由当地常见的

1. 庄主罗曼诺·达尔·富诺膝下无女，育有3子，除了其中一位立志成为伟大的自行车手外，其余两位都对酿酒感兴趣，传承根基已然打下。

2. "阿玛隆内红酒意大利炖饭"是当地的特色佳肴，与阿玛隆内红酒相搭配，自是"你侬我侬"。

3. 罗曼诺·达尔·富诺酒庄（Azienda Agricola Romano Dal Forno）以镂空塑料盒来风干葡萄，效果奇佳，不易滋生霉菌。

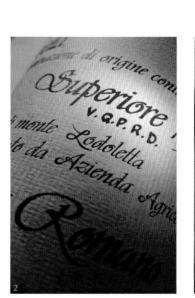

1. 左前为本庄的阿玛隆内，右后为瓦波利切拉酒款（Valpolicella Superiore）。每100千克的新鲜葡萄，在经过风干、榨汁等酿酒程序后，最后仅剩约15%的原料来酿制阿玛隆内酒款，瓦波利切拉的比例则为30%。

2. 瓦波利切拉红酒的较高级款通常以Valpolicella Superiore命名，指酒精度高1%的瓦波利切拉。然而，实际操作上Valpolicella Superiore可简单指酒精度略高，或是以利帕索（Ripasso）方式再次发酵的优质酒品。而自2002年后，罗曼诺·达尔·富诺酒庄的Valpolicella Superiore均以100%的半风干葡萄酿造，将品质再次拉高，或称其为"超级瓦波利切拉"了。

3. 2003年本庄丽秋朵红甜酒因风格过于特殊，遭到降级，无法列入DOC法定产区。然而酒庄认为其品质优良，毋庸置疑，降级举措乃有心人背后操弄所致。后来酒庄以低一等的IGT意大利地区餐酒等级自居，以免有心同业暗地作祟。所以此款Vigna Seré甜酒酒标上不见Recioto（丽秋朵）字样，只以"风干葡萄红甜酒"（Passito Rosso）标示，不过酒质依旧备受肯定。

4. 装修中的酒庄外观，以19世纪当地豪华别庄的形式建成，周围有葡萄园围绕。

每公顷2000～3000株大幅提高到1.3万株。密度如此之高，在于使树株彼此竞争大地养分，大幅降低葡萄产量，以提高果汁浓郁度。平均来说，达尔·富诺的葡萄树每株只能产出300～400克的葡萄，而一般酒农的葡萄树每株可以产出2.5千克的葡萄。达尔·富诺只使用年轻的葡萄树酿造瓦波利切拉，酿造阿玛隆内则使用10年以上较成熟葡萄树的果实。

20世纪80年代初，终于以出众的酒质闯出名号，当时酒厂一切从简，并没有先进的酿酒设备。到了1990年，他着手绘制蓝图建造酒庄，并借贷13亿意大利里拉投资酒厂，冒着极大的风险，认定这是放手一搏的唯一契机。20世纪尾声，其居所及基础酿酒窖都已落成。到了2008年，最新颖的酿酒窖将近完工，地下还有3层气派的熟成酒窖，以硕大的罗马圆柱支撑石造拱顶，气势颇似波尔多雄伟酒堡的酒窖，甚至还有工作电梯可直达地下3楼。

目前本庄酒款一瓶难求，量少价昂（每100千克葡萄只生产15升的阿玛隆内，可见品质精绝），酒质浓郁集中，陈年几载后风味均衡复杂，尾韵泉涌不绝，近乎无懈可击。不过新进加入、尚未投入生产行列的葡萄园区（来自亲朋好友的签约合作）会陆续投入生产，目标是将产量提高到每年平均生产4万瓶瓦波利切拉，以及1.5万～2万瓶的阿玛隆内，这对爱酒人来说绝对是天大的好消息。

本庄使用的品种与昆达瑞利类似，没有加入法国及托斯卡纳葡萄品种，却掺有部分当地丹宁较高、酒色深浓的欧赛列塔品种。罗曼诺认为，贵腐霉无法为此区红葡萄带来益处，反而会让葡萄酒丧失新鲜果香及酒色，因此采收时有贵腐霉的一律挑除，这与其师父昆达瑞利的观点背道而驰。

其实伊拉西河谷相当干燥多风，近年来除了2005年见到较多贵腐霉（2005及2007年气候不尽理想，未能生产阿玛隆内）外，其他年份此一情形并不常见。正如厌弃贵腐霉的阿烈格

1. 葡萄风干室设于2楼（通风佳），由微电脑控制，随着气候干湿，一扇成人高的大窗会自动开启关闭，让室内的风干环境随时处于最佳状态。

2. 酒庄葡萄风干室设有由微电脑控制的超大型风扇，若当年气候过湿，可开启风扇调节湿气。

新栽的葡萄园每公顷种植密度可达1.3万株，打破当地纪录。

尼酒庄一样，罗曼诺·达尔·富诺酒庄也不使用酸度明显的摩力纳拉品种。自1990年起，本庄放弃使用当地常见、来自斯洛文尼亚的大型木桶，全部改用225升的法国小橡木桶熟成，使酒体结构极度坚实。通常瓦波利切拉，尤其是阿玛隆内，在释出市场后，须再等至少10年才真正进入适饮期。

瓦波利切拉经典产酒区还有许多过度安逸、得过且过的酒农。东边这块较不受人重视的河谷产区，却因罗曼诺·达尔·富诺酒庄的现身，让人不禁怀疑法定产区的划分标准是否已经不合时宜了？🍷

Azienda Agricola Romano Dal Forno

Località Lodoletta, 4

Frazione Cellore,

37030 Illasi Verona, Italia

Tel: +39 (0)457 834 923

Fax: +39 (0)457 834 923

1. 本庄浓郁的红酒适于与脆皮烤鸭做搭配，建议以面皮包裹脆皮及鸭肉食用，不需蘸甜面酱及青葱。

2. 罗曼诺·达尔·富诺酒庄所酿酒款并非即饮型，所以使用的软木塞长度较长，以便陈年。

part XI 圣十字山
Santa Cruz Mountains

圣十字山美酿

　　19世纪淘金热潮之后，金山成了旧金山。旧金山湾区之南则是全球高科技产业的现代金山——硅谷。硅谷西边的圣十字山上，虽非遍流鲜奶和糖蜜的应允天堂圣地，但却是人间乐土。尤其是被人称为"绿金"的葡萄酒产业，在这块山头上世代承先启后，自19世纪末至今愈见欣欣向荣。这个被美国政府划为"圣十字山葡萄酒产区"（Santa Cruz Mountains AVA）的美地，在旧金山市北边的纳帕谷（Napa Valley）及索诺玛（Sonoma）两大葡萄酒产区的盛名夹击下，显得静默。然而圣十字山却有虔诚酿酒人70余户，孜孜不懈潜酿美露。在这些酿酒人的巧手下，酒体较为轻盈均衡而自制，不若纳帕谷酒款的霸气、高酒精度。在目前"新世界"产区纷纷酿制高酒精、高萃取、甜美浓缩、重橡木桶味的酒款之际，此圣山以其得天独厚的条件，产出具古典"旧世界"风格的优雅酒款，果真地灵人杰。

　　圣十字山区左濒太平洋，右上临旧金山湾区南端，由于海水调节，气候看似温和少变；然而其实山脉崎岖曲峭，也因向阳差异、海拔高低、土质不变，因此形成许多微气候区块，酿酒人若是观察敏锐，可顺天应时酿出多姿多彩、风格殊异的酒款。顺此，惊觉这里所植葡萄品种竟多达20种，以全球地理而言，此麻雀之丘竟集合有西班牙、法国及意大利各色品种，精彩纷呈由此可见一斑。

　　然而圣十字坡地上下升降，土层较浅，又近硅谷地价高昂，曾经一度遭皮尔斯病害（Pierce's Disease，由琉璃叶蝉传布病菌，造成葡萄树株枯死）侵扰，葡萄园毁去大半。加上位处地震带，耕植辛苦却产量不高，一般爱财怕苦又精算的酒农早已寻平原产区开发去了，因此留守圣山的多为奇人。

　　后文将介绍的两家酒庄庄主暨酿酒师原非科班出身，都由文学院毕业，一专哲学，一善文学，却酿出了让全球爱酒人惊艳的风土醇酿。🍷

瑞脊酒庄（Ridge Vineyards）的秀美之山葡萄园（Monte Bello）位于圣十字山上，正可俯瞰硅谷科技城。

"巴黎评判"最大赢家
Ridge Vineyards

1976年的巴黎，一场被后世称为"巴黎评判"（The Judgment of Paris）的品酒会，因美国加州酒大胜法国波尔多及勃艮第红、白酒，让美国酒业从此站上世界舞台。

当时在红酒组里，瑞脊酒庄（Ridge Vineyards）的1971 Monte Bello红酒排名第五，而排名第一的酒款，则是加州纳帕谷鹿跃酒窖的1973 Stag's Leap Wine Cellars Cabernet Sauvignon，第二、三、四名都是法国波尔多享誉国际的名酒，分别是木桐堡的1970 Château Mouton Rothschild、蒙候斯堡的1970 Château Montrose及欧布里雍堡的1970 Château Haut-Brion，名列波尔多一级五大酒庄的红酒，便占了两名。

面对滑铁卢般的惨败〔更加脸上无光的是，当时采用蒙瓶试饮的评审都是法国美酒美食界的翘楚，包括勃艮第第一名庄罗曼尼—康帝庄园（Domaine de la Romanée-Conti）的庄主〕，当时法国人以为，如此评比并不公允，因为波尔多红酒需要光阴的沉淀来醇熟软化其丹宁，发展其繁复的风味，不若年轻的加州酒以果香澎湃易饮见长。若将时间纵深拉长，一二十年后加州酒铁定甘拜下风，因为波尔多酒以擅久储闻名于世，哪里是历史苦短的美国加州酒可堪比拟。

然而事件发生30周年（2006年）之际，当年煽动举办品酒会的英国酒评家史蒂芬·史普瑞尔（Steven Spurrier, 1941— ）再次把30年前同场较劲的酒款请出来大比拼。由于白酒早已老衰，因此只较量红酒。这次比试不在巴黎举

瑞脊酒庄（Ridge Vineyards）几乎全程使用美国橡木桶陈年，坚信只要采用自然风干程序至少两年，美国橡木桶的品质绝不亚于法国橡木桶，酒质足以证明所言不假。

行，而在伦敦及加州纳帕谷两地，同时由9位专家跨洲评判。

30年后不畏时间催酒老，这回的状元酒款竟然是当年排行第五的1971 Monte Bello, Ridge Vineyards，甚至跨洲两地评比都做如是定论。1971 Monte Bello甚至还大幅领先第二名酒款18分。在接下来一场由年轻的加州赤霞珠品种（Cabernet Sauvignon）为主的加州红酒评比里，2000 Monte Bello照样抢魁，几分险胜加州名酒，如2001 Shafer Hillside Select、2002 Phelps Insignia及2001 Stag's Leap Wine Cellars Cask 23。

"酒瓶震撼"外一章

2008年8月某晚，电影散场后，旧金山市区雾气朦胧，街上人烟稀落，10摄氏度的冷风袭面，我与观影友人遁入附近一家广东餐馆，上酒菜前交换对于《酒瓶震撼》（Bottle Shock）这部片子的想法。果不其然，大家

都嫌烂。《酒瓶震撼》其实是根据美国资深记者乔治·泰伯（George Taber）2005年所著的《1976年巴黎品酒会》（Judgment of Paris: California vs. France and the Historic 1976 Paris Tasting That Revolutionized Wine，书名直译为《巴黎评判》，时报文化出版）一书改编而成的，但与书中记载相去甚远。虽说电影与书写的叙述语言不同，但其叙述方式散乱，同时过场镜头只以直升机空拍葡萄园的方式潦草交代，实难令人接受。尤其轰动酒林的"巴黎评判"（Judgement of Paris）事件竟然退居配角，改以当年白酒排名第一的蒙特雷娜酒庄（Château Montelena）少庄主与女实习生之间老掉牙的爱情通俗剧为故事主轴。

瑞脊酒庄总裁莱森（Donn Reisen, 1948—2009）告诉笔者，该片制作人在开拍前曾经找过他：如果瑞脊酒庄可以资助1万美元拍片，酒庄在电影里就会有较多的曝光机会。莱森听了便一口回绝。然而事实是，瑞脊酒庄的Monte Bello酒款乃真金不怕火炼，它是"巴黎评判"30年后的真正赢家，即使不"捐献"，酒标依然在电影里出现了3次。

意人慧眼识名园

1885年，居住在旧金山市的意大利裔医师沛罗内（Perrone）独具慧眼，购下秀美之山葡萄园（Monte Bello），并于1892年酿制出同名酒款Monte Bello，从此展开一段传奇酒史。今日自山脚驾车上山，颇有走在北宜公路曲曲折折、上下蜿蜒的惊险感。遥想当年沛罗内筚路蓝缕开山垦林，不为其他，只求在这块宝地酿出绝世佳酿，笔者敬佩之情不禁油然而生。

秀美之山之所以形成，乃因位处太平洋板块与北美板块的撞击点。两大板块相撞，秀美山势天成，临园西处下望即为圣安德鲁斯断层（San Andreas Fault）；西边仅距太平洋24千米（天气好时可眺望海景），加上海拔高度800

1. 秀美之山（Monte Bello）山头贫瘠，多风冷凉，多石灰岩，足以酿出美国最均衡优雅的酒款。

2. 秀美之山葡萄园正处于"转色"阶段的赤霞珠葡萄，时值8月。

1. 左为瑞脊酒庄的主酿酒师保罗·醉坡（Paul Draper），曾被英国《品醇客》（Decanter）杂志评选为2000年度最佳风云人物；右为酒庄总裁莱森（Donn Reisen）。若没有莱森和醉坡的并肩作战，瑞脊酒庄便不会有今日的成就。莱森已于2009年1月逝世，酒界众声惋惜。

2. 笔者所尝的3款Ridge Monte Bello，由左至右分别为1985、1995及2005份。

3. 前景为Ridge 2004 Monte Bello Chardonnay，产量不高，名列全美最佳霞多丽白酒之林。

4. 酒庄两款单一葡萄园金粉黛品种（Zinfandel）红酒，左为Lytton Springs，右为Geyserville。酿酒师醉坡是这款美国品种的最佳推手，品质之高无人能出其右。

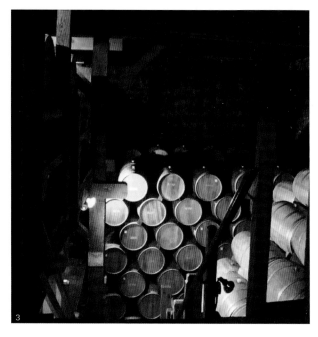

1. 瑞脊酒庄的酿酒窖。

2. 当年发动1976年巴黎品酒会的灵魂人物史蒂芬·史普瑞尔（Steven Spurrier，图中坐者）。

3. 地下第二层的酒窖建于1886年，三面都是石壁，桶里为Zinfaldel, Geyserville葡萄酒。

米，因此成为加州最寒冷的葡萄园；又因地下土层拥有全加州最丰富的石灰岩土壤（纳帕谷及索诺玛毫无石灰岩，只有加州中央海岸的Paso Roble有少量石灰岩），土质贫瘠，葡萄产量不高，种种因素相加相乘，于是形成此酿酒宝地。

瑞脊酒庄目前的幕后推手是在此酿酒逾40载的保罗·醉坡（Paul Draper），称其酿技绝伦，也不尽然，因为他从未受过正式的酿酒学训练（笔者并不认为真正伟大的酿酒师非得如多数美国酿酒师一样，要从UC Davis酿酒学系毕业）。大学攻读哲学的他，依凭的是年轻时在智利、意大利与当地酒农耆老脚踏实地，手到、眼到、心到的实战经验，以及研读19世纪末酿酒古书（例如1883年出版的《Fine Wine Methods》及1876年的《Wine Making in Bordeaux》），彻底摒弃现代酿酒学的荼毒，包括使用工业化酵母以求发酵迅速和易于控制，或只求酒质稳定而过度过滤葡萄酒，在葡萄园里毫无节制地施用农药、除草剂等。以上种种做法都有碍葡萄酒表达出真正的风土之味。

与现代加州酒"果香炸弹"型的浓郁甜美酒款相较，不管是旗舰款的Monte Bello红酒，还是以金粉黛（Zinfandel）品种为主的酒款，都具有欧洲古典的均衡形态。不只在美国，即使从全球的标准来看，瑞脊酒庄都算是一等一的优质酒庄，识味者必赏。🍷

Ridge Vineyards

17100 Monte Bello Road, Cupertino,

CA 95014, U.S.A.

Tel: +001 (408) 867 3233

Fax: +001 (408) 868 1350

Mail: wine@ridgewine.com

Website: http://www.ridgewine.com

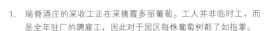

1. 瑞脊酒庄的采收工正在采摘霞多丽葡萄。工人并非临时工，而是全年驻厂的聘雇工，因此对于园区每株葡萄树都了如指掌。

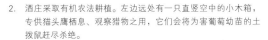

2. 酒庄采取有机农法耕植。左边远处有一只直竖空中的小木箱，专供猫头鹰栖息、观察猎物之用，它们会将为害葡萄幼苗的土拨鼠赶尽杀绝。

嬉皮文学家之酒
Bonny Doon Vineyard

　　几年前，辗转自"加州葡萄酒大使"保罗那里尝到"雪茄粉红酒"（Vin Gris de Cigare，雪茄是酒标上飞行船的昵称）。本想不过是一瓶加州粉红酒，索性喝喝看。及至饮入，口感丰郁、清新致雅，多层次且余韵不散，暗地一惊，即使是以酿制粉红酒出名的南法塔维尔（Tavel）产区，都不一定能酿出如此精湛的酒品，而邦尼顿酒庄（Bonny Doon Vineyard）是从哪里蹦出来的酒庄，为何甚少听酒界人士谈起？笔者打从心底崇敬，一般饮家轻视的粉红酒能有如此表现，其他酒款岂不更教人沉醉酒乡、流连忘返？

　　2007年途经旧金山，在著名的葡萄酒专卖店K&L购下一瓶同酒庄的2004 Le Pousseur Syrah。在台北开饮这瓶西拉（Syrah）品种红酒，果香清亮却不拖泥带水，也不显笨重俗艳，架构完整，回韵甘醇。再看其酒价，教

人直呼物超所值。2008年，笔者终于一偿凤愿，亲睹本庄酿酒师蓝道·葛兰姆（Randall Grahm）的风采。

　　其实是笔者眼界狭隘，多年来关注的焦点只限于欧陆，未曾深入了解加州奇人异士风格行端。蓝道先生因其对酒业及餐饮业的贡献，1989年就已被美国《厨师杂志》（Cook's Magazine）授予"终生成就奖"，时年不过三十几岁。1990年美国詹姆士·比尔德基金会（James Beard Foundation）更是锦上添花，授予其"年度最佳酒业从业人员"荣衔，他在美国酒业的执牛耳地位由此可见一斑。散发徒长，只以橡皮圈扎着，老嬉皮作家形象的他，总是走在时代潮流的尖端，"异端"二字或许更能真正体现其酿酒的神韵。

　　既然是异端，当然不能流俗，因此当酒农及消费者一窝蜂拥抱主流的赤霞珠（Cabernet

邦尼顿酒庄（Bonny Doon Vineyard）的部分葡萄园实行自然动力法，做法之一是填充硅石于牛角中，埋于土里，然后挖出注水搅拌后，清晨之际洒于葡萄园，有助葡萄树叶进行光合作用，此为"配方501"。

1. 邦尼顿酒庄曾以意大利罕见的原生品种芙瑞莎（Freisa）酿酒，此为酒标，典故取自美国酒评家帕克（Parker）和英国葡萄酒作家罗宾森（Jancis Robinson）分别对芙瑞莎品种所发表的评述。左幅代表帕克的看法，认为芙瑞莎十分令人厌恶（Totally Repugnant）；而罗宾森则持相反意见，认为其美味俱足（Immensely Appetizing）。可见文化差异对于口感影响之巨大。

2. 邦尼顿酒庄的商标。

3. 本庄漫画广告之一。虽然酒庄生意兴旺、规模不小，但过去几年，蓝道自觉事业发展到与当初理想偏离过远的地步，于是自2006年起大量减产，并减少员工，以小而美善的经营方式，将酒质提升到另一境界。他的右边小屁屁上的字样为Born to Rhône（生为隆河人），用以向法国隆河地区的酿酒人致敬。

4. 本庄的阿尔巴利诺（Albariño）品种白酒，酒标呈现"高敏感度晶体成像"（Sensitive Crystallization），以此特殊摄影技巧可推测酒款品质和储存潜力的大致趋向。做法是在一只玻璃皿里，将几滴酒液混合二氯化铜，静置约14个小时，在温度为28摄氏度及相对湿度为40% RH左右的环境中，形成如雪花般的晶体，再以背面投射光的方式拍下晶体。各式酒款晶体状态殊异，晶体愈均衡对称，结构愈细密，晶丝细长，无空洞处，酒质愈佳。此法是20世纪30年代由菲弗医师（Dr. Pfeiffer）发明的，当时主要是从病患血液取得晶体成像，经验丰富的医师常可据此推断病人的健康状态，甚至诊断癌症发生及肿瘤的位置；然而因涉及人为对晶体的主观诠释，所以并非精确无误的科学方法。但此法在实行自然动力法的酒庄里，却成了相当风行的"读酒术"。

5. Le Cigare Volant红酒酒标，法文酒名意为"飞行雪茄"。据传20世纪40～50年代间，法国南部教皇新堡产区常有UFO及不知名飞行船出没（当地人昵称飞行船为"雪茄"），造成村民惊慌，地方政府遂立法禁止不明飞行物经过，之后果真天空清朗，再无怪物飞过。庄主以此幽默轶闻为题创此酒标，向教皇新堡致敬。此酒为邦尼顿酒庄的旗舰红酒。

Sauvignon）红酒及霞多丽（Chardonnay）白酒之际，他硬是以当时不得人疼的丑小鸭品种，例如法国隆河流域的品种，以及一些意大利和西班牙品种，逆势开创新局，加以酒标设计新颖醒目，成功地席卷了葡萄酒市场。

作家酿酒师

蓝道的中国台湾彰化籍妻子锦淑形容，他个性特立独行、天生反骨。为什么不酿制风靡全加州的赤霞珠品种酒款？她笑答："只因为大家都在酿制这种酒，所以他不酿，要是没人酿，他一定全力以赴！"此话道出蓝道的"怪咖"性格。锦淑也说，蓝道若不酿酒，一定会成为作家。蓝道原本是文学院出身，哲学背景深厚。英国学院精英气息浓厚的《美酿世界》（The World of Fine Wine，总编辑为知名葡萄酒作家Hugh Johnson）便常邀他撰稿，蓝道甚至想创办《葡萄酒现象学期刊》。嗯，果非凡

人。一般人要是学识或电波频率无法与其旗鼓相当，大概很难对上话。

不酿酒时蓝道总是涂涂写写，脑筋少有放空之际，满脑子鬼灵精怪。他甚至模仿披头士于1967年推出的《寂寞芳心俱乐部》（Lonely Hearts Club Band）专辑，改编歌词，将专辑名称改为《隆河芳心俱乐部》（Rhônely Hearts Club Band），以介绍其酒款，表达其酿酒哲学，甚至揶揄美国酒评家。其中一首《去他的软木塞》（Cork Retraction），歌词第四段写着"And the cork salesman been telling me, How white my corks can be, Cause I can't be a man, Without an eight-inch（cork）……"带点情色又一语双关：要大家别再使用会受TCA细菌感染的软木塞，而改用金属旋盖为上策。这种惊世骇俗的文宣写作，只有蓝道才写得出来！

邦尼顿酒庄是全美第一家将旗下全部酒款改换为金属旋盖的先驱者。蓝道认为这种封瓶法不仅能避免平均率约5％的软木塞感染问

1. 实行自然动力法的葡萄园里并不特意除草，形成更均衡的生态系统。
2. 本庄庄主蓝道和其可爱的混血女儿。蓝道之妻来自中国台湾彰化。

1.　本庄大型酿酒槽。

2.　左为Vin Gris de Cigare粉红酒，右为阿尔巴利诺（Albariño）品
　　种白酒。

3.　左为Le Cigare Blanc白酒，右为Le Vol des Anges甜白酒。

4.　左为Le Cigare Volant红酒，右为Syrah, Le Pousseur红酒。

1. 邦尼顿酒庄酿酒来源的葡萄园之一。某人扔弃的沙发和编织木箱置于园中，构成奇异的美感；未经灌溉的百年老树葡萄园种植的是法国慕合怀特品种（Mourvèdre）。

2. 本庄在酿酒过程中使用"动力流道器"（Flow-form），将葡萄酒导入流道，在流道中形成多次八字形小漩涡，据说可让酒里的能量更为充沛。蓝道认为此法可为酒带来更多结构，是从自然动力法延伸出的一种"动力"法。

题，而且他观察到对白酒来说，果香会因此变得更清新，酒色也更清亮；再者，旋盖装瓶后，瓶中氧气更加缺乏，可减少二氧化硫的使用量（二氧化硫可避免酒的快速老化），对酒质的保持不啻是项福音；至于需要时间成熟的优质红酒，若在酿造过程中适度接触空气，装瓶后依旧有熟成演化复杂风味的空间。

原本以小庄园起家，后来事业规模盛大，搞得开枝散叶过了头，他自悟该是"修裁存精"的时机了。于是艺术家性格的蓝道自2006年起奉行返璞归真之道，将原本45万箱的产量锐减到3.5万箱，员工自100人缩减为35人。并自2002年起，即采取比有机农法更加前卫激进的自然动力法，依循农民历翻土、剪枝、装瓶；将牛粪塞入牛角，潜埋土中，以制造神妙的有机腐殖土，然后掺水搅成药饮，遍洒园中，让葡萄园的有机耕作生生不息，酿成有"生之力"的葡萄酒。其酒款风味自此愈加澄透通明，人为不染，无为而治，饮来生津，"风土之初心"不远矣。🍷

Bonny Doon Vineyard
328 Ingalls Street, Santa Cruz,
CA 95060, U.S.A.
Tel: +001 (831) 425 4518
Mail: tastingroom@bonnydoonvineyard.com
Website: https://www.bonnydoonvineyard.com

| 图片出处 | Photos Credits |

除下列的图片出处之外，皆为作者拍摄：

. Château Lafite：P.22 Photo 2,3,4

. Château Mouton：P.24 Photo 2（Karl Lagerfeld）；P.26；P.27；P.30 Photo right；P.31 Photo 2, 3

. Château Margaux：P.42 Photo1 (Claude Sarramon), Photo 2 (G. de Laubier)；P.44 Photo 1, Photo 2 (Michel Guillard), Photo 3 (G. de Laubier)

. Château Haut-Brion（Domaine Clarence Dillon）：P.49；P.50；P.52

. Château d'Yquem：P.55 Photo Up；P.57；P.58；P.59 Photo1；P.61 Photo 1；P.62 Photo 2,3；P.63 Photo 1

. Egon Müller：P.55 Photo below, P.68 Photo 1

. Coulée de Serrant：P.79 Photo 4；P.80 Photo2；P.81；P.82 Photo 1,2

. CIVA：P.85；P.86；P.172

. Domaine Weinbach：P.88 Photo 2；P.90 Photo 1,3

. Domaine Zind-Humbrecht：P.93 Photo 3；P.95 Photo 2,3；P.96

. Domaine Marcel Deiss：P.101 Photo 1,2；P.102

. Domaine de la Romanée-Conti（张志清）：P.106；P.109 Photo 2

. Domaine Armand Rousseau：P.127 Photo 3

. Domaine Bonneau du Martray（J-L Bernuy）：P.132 Photo 2；P.134

. Domaine Méo-Camuzet：P.136；P.149 Photo 2；P.150 Photo 2

. Antinori：P.153；P.155；P.157 Photo 2,3,4；P.159 Photo 3；P.161 Photo 1,4

. Tenuta dell'Ornellaia：P.154；P.162；P.164；P.166 Photo 1；P.167；P.168

. Consorzio per la tutela del Franciacorta：P. 170

. Maison Krug：P.180 Photo1；P.185 Photo 4；P.186 Photo 1

. Ca'del Bosco：P.188 Photo 2；P.190；P.191 Photo 4；P.192 Photo 1

. Tenuta Montenisa：P.194；P.197 Photo 3

. Château de Beaucastel：P.208；P.210；P.212

. Château La Nerthe：P.213；P.214 Photo 1；P.215

. Clos des Papes：P.222 Photo 3,4

. Azienda Agricola Masi：P.227；P.230 Photo 1,3；P.231 Photo 1,3

. Allegrini：P.232；P.234 Photo 3；P.235 Photo 1,2,3；P.236

. Azienda Agricola Giuseppe Quintarelli：P.237 Photo 1

. Ridge Vineyards：P.249；P.253 Photo 1

. Bonny Doon Vineyard：P.254；P.255 Photo 2,3,4,5；P.256 Photo 1；P.258

【酒藏坊】 创始人洪千惠（Joyce Hung）出生于中国台湾，曾旅居美国多年。出于对葡萄酒的热爱，她在2008年荣获了WSET Level 3（英国葡萄酒及烈酒高级讲师）认证并受封法国香槟骑士勋章。

【酒藏坊】门店坐落于上海市区闹中取静的静安区陕西北路，毗邻南京西路恒隆广场商圈，向广大葡萄酒爱好者提供各种专业主题活动。

- ● 600多款经典产区精品葡萄酒
- ● 名庄齐全Fine Wine Cellar
- ● 每月酒机酒试饮
- ● 葡萄酒品鉴会
- ● 专业导购
- ● 会员专享
- ● 礼盒定制
- ● 私人酒会
- ● 影院专场
- ● 畅饮派对

【酒藏坊】

专于法国勃艮第产区，是勃艮第露蒂梦酒庄的中国代理商。露蒂梦酒庄的"天人系列"在葡萄酒爱好者中久负盛名。

JoVino酒藏坊　www.jovino.cn

客服热线：021-62553218

上海市静安区陕西北路527号（近新闸路）
No.527,North Shannxi Rd (near Xinzha Rd)